ま　え　が　き

　この「原動機演習ノート」は，実教出版発行の教科書「原動機」（工業 763）での学習を効果的に進めて，その理解を深め要点を適確に把握できるようにするために，演習ノートとしてまとめたものです。

　従来から「原動機」に含まれる範囲はきわめて広く，教科書の各章や節がそれぞれ独立した科目としてもなりたつ内容をもっています。いわゆる専門書の中には「流体力学」，「流体機械」，「ポンプ」，「油圧装置」，「空気圧装置」，「内燃機関」，「ガスタービン」，「自動車」，「ボイラ」，「蒸気タービン」，「冷凍機」などがあるものの，これらを括った「原動機」は見当たりません。高等学校における「原動機」の単位は一般に 3～4 単位で，指導内容が圧縮されているため，説明や内容の不足を感じたり，記述が難解であったりするところがないとはいえません。このような点を考慮し，本演習ノートは，教科書を読み直すことによって理解を深め要点を適確に把握できるように，教科書の例題や問題とやや異なる視点から出題するように努めました。

　本演習ノートを有効に活用するための留意事項を下に示します。

1. 「その内容が正しいものには○を，誤っているものには×を（　　）内に記入せよ。」というような正誤の問題では，誤っている文章をどのように改めれば正しい文章になるのかも考えましょう。

2. 「文中の（　　）内に適切な語などを記入せよ。」というような穴埋め問題は，観点を少しだけ変えた問題です。解答の後，教科書を読み直してみましょう。

3. 数値の算出にあたってはノートに計算式すなわち代数式を書き，数値をあてはめた数式を書いてから，電卓などを用いて答を導き出しましょう。いろいろな量については単位や SI 接頭語に注目し，計算処理のさいには必ずこれらを整えてから進めるようにしましょう。

JN059954

■ 目 次 ■

第1章　エネルギーの利用と変換

1 エネルギー利用の歴史　(教科書 p.8〜13)

1 身近なエネルギーの利用

(1) 次の文は「身近なエネルギー」について述べたものである。その内容が正しいものには○を，誤っているものには×を（　）内に記入せよ。

(1 　　) 人間は，いつでも，どこでも，往復運動やねじり運動などのいろいろな形の力を物体に与えることができ，出力の瞬間値が約 4〜5 kW にも達する運動選手もいる。

(2 　　) 牛や馬などの畜力の利用は，水車の発達によって急激に減少した。

(3 　　) 風力の舟の推進力としての利用は，紀元前1世紀ころから行われた。

(4 　　) 帆船は，蒸気機関を利用した汽船の発達にともなって姿を消した。

(5 　　) ヨーロッパでは，7世紀頃から揚水や排水のほか製粉や製材などに風車を活用した。

(6 　　) 水車は，紀元前4000年頃にエジプトでつくられた。

(7 　　) イギリスで畜力が広く利用されていたのは16世紀のなかばごろまでである。

(8 　　) 風車は，地理的に恵まれた場所に設置すれば，常時使用できる。

(9 　　) 18世紀ころの工場では，水車は動力源として不可欠であった。

(10 　　) 水車は，こんにちではおもに水力発電に用いられている。

2 熱エネルギーの利用

(1) 次の文は「熱エネルギーの利用」について述べたものである。文中の（　）内に適切な語を記入せよ。

1) パパンや (1 　　　　　　) の蒸気機関は，シリンダ内の蒸気が凝縮するときに発生する真空を利用して動力を得たが，(2 　　　　) の蒸気機関は，蒸気の膨張を利用して動力を得た。

2) 蒸気タービンの試みは (3 　　　　) によって紀元前に行われていたが，実用的な蒸気タービンは，1882年の (4 　　　　) や1884年の (5 　　　　) まで待たなければならなかった。

3) 内燃機関の試みは (6 　　　　) などによって行われていたが，実用的なガス機関は (7 　　) 年に (8 　　　　) によってつくられた。こんにちの内燃機関の元祖ともいえるガス機関は (9 　　) 年に (10 　　　　) によって，ガソリン機関は (11 　　) 年に (12 　　　　) によって，圧縮着火機関に分類される (13 　　　　) 機関は (14 　　　　) によって (15 　　) 年にそれぞれつくられた。一方，ガスタービンは，外燃機関に分類される外燃ガスタービンが (16 　　　　) によって (17 　　) 年につくられた。

2　こんにちのエネルギーと動力　(教科書 p. 14〜19)

1　エネルギーの変換

(1)　次の表は，自然界に存在するいろいろなエネルギーを分類したものである。表内の**1〜6**の空欄に，下の語群から適切な語句を選んで記入せよ。

再生が可能な エネルギー	1		水力	風力	2
	バイオマスエネルギー	木材	3		家畜の排泄物
枯渇する可能性がある エネルギー	化石燃料エネルギー	4		石油	天然ガス
	5		天然ウラン	濃縮ウラン	6

> 【語群】　核エネルギー　　再生可能エネルギー　　薪炭　　石炭　　地熱
> プルトニウム

(2)　1975 年における世界の一次エネルギー消費量を 1 としたとき，表内の年における数値を求めて，表を完成させよ。

年	1975 年	1985 年	1995 年	2005 年	2015 年
消費量	1	1	2	3	4

(3)　次の文は「エネルギーの変換」について述べたものである。その内容が正しいものには○を，誤っているものには×を（　）内に記入せよ。

(1　　)　現在，世界で利用されているエネルギーの大部分は，化石燃料のエネルギーである。

(2　　)　1965 年以降，石炭の消費量は，減少することはなく，伸び続けている。

(3　　)　1965 年以降，石油の消費量が世界のエネルギー消費に占める割合は，つねに第1位である。

(4　　)　1965 年以降，ガスの消費量が世界のエネルギー消費に占める割合は，つねに第2位である。

(5　　)　化石燃料エネルギーは，地球温暖化や酸性雨の原因となる。

(6　　)　1 kg の核燃料が発生する熱エネルギーは，200 L ドラム缶 10 000 本に入れた石油を燃焼させたときに発生する熱エネルギーに相当する。

(7　　)　地熱や核エネルギーの動力への変換には，蒸気タービンが不可欠である。

(8　　)　現在，日本では，自然界から供給された一次エネルギーの約 30 % が，二次エネルギーである電力をつくるための発電に用いられている。

2 原動機の発達を振り返って

(1)　次の表は，こんにちの原動機を出力の大きい順に並べたものである。表内の**1〜8**の空欄に原動機の種類や出力を入れて完成させよ。

原動機の種類	出力
発電用水車	1
2	1 380 000 kW
3	4
5	6
7	8

(2)　次の表は，こんにちの原動機を効率や熱効率の高い順に並べたものである。表内の**1〜6**の空欄に原動機の種類や効率などを入れて完成させよ。

原動機の種類	効率・熱効率
発電用水車	1
2	3
4	5
6	40%

(3)　次の文は「原動機の利用と環境」や「熱機関の発達の方向」について述べたものである。その内容が正しいものには○を，誤っているものには×を（　）内に記入せよ。

(1　　)　ばい煙のおもな発生源として早くから問題になったのは，石炭を燃やす蒸気原動機である。

(2　　)　ばいじんは集じん装置で，硫黄酸化物中の硫黄分は脱硫装置で回収する。

(3　　)　ディーゼル自動車が排出するディーゼル排気微粒子は，SPMともよばれる。

(4　　)　一酸化炭素は，温暖化への寄与度が大きいと考えられている。

(5　　)　硫黄酸化物は，光化学大気汚染物質の原因物質である。

(6　　)　窒素酸化物は，ぜんそくなどの公害病の原因となる大気汚染物質である。

(7　　)　燃料の不完全燃焼によって発生する一酸化炭素のおもな発生源は自動車であるが，こんにちでは環境基準を達成している。

(8　　)　鉛中毒の原因物質の一つは，自動車用ガソリンの添加物である。

(9　　)　光化学オキシダントの規制値（1時間値が 0.06 ppm 以下であること）は，光化学スモッグの発生を防止するために設けられた環境基準である。

(10　　)　1970 年にアメリカで成立したマスキー法は，自動車による大気汚染を規制する法律である。

(11 　) 日本で，マスキー法とほぼ同等の規制が実施されたのは，1975年のガソリン自動車の排出ガス規制である。

(12 　) 乗用車の燃費は，自動車の軽量化，空気抵抗の少ない形状への変更などによって改善することができる。

(13 　) 2014年のガソリン自動車の平均燃費（23.8 km/L）は，10年前の値の1.8倍，20年前の値の2.4倍である。

(14 　) 蒸気機関の出力の増大や熱効率の向上には，蒸気の圧力を高くすることも有効である。

(4) 次の文は「出力と効率の向上」や「熱機関の発達の方向」について述べたものである。文中の（　）内に適切な語や数値を記入，あるいは（　）内の適切な数値を選択せよ。

1) 自動車用ガソリン機関の比出力は，1900年には5 kW/Lにも達していなかったが，50年後には（1　10　20　30）kW/Lに達し，100年後には（2　50　75　100）kW/Lに達するようになった。

2) 総排気量が1000 ccのガソリン機関の出力が45 kWであれば，比出力は45 kW/Lであるが，同じ出力でも総排気量が1200 ccの場合の比出力は（3　　）kW/Lである。

3) ワットは，その出力形式が往復運動のみであった蒸気機関に（4　　　）を採用して，回転運動ができるように改良したが，こんにちの蒸気原動機の代表である（5　　　）は，その出力形式が（6　　）運動なので大出力の原動機に適している。

4) 内燃機関は，おもに（7　　　）の増大や（8　　　）の改良などによって性能の向上をはかってきた。

3 エネルギーの現状と将来　(教科書 p. 20〜28)

1 エネルギーの供給と需要

(1)　次の文は「エネルギーの供給と需要」について述べたものである。その内容が正しいものには○を，誤っているものには×を（　）内に記入せよ。

(^{1}　　)　2018年における日本の一次エネルギー供給量は，1990年の値とほぼ同じである。

(^{2}　　)　日本の一次エネルギー供給量のうち，石油の供給量は1958年から1973年までは著しい増加を見たが，その後は減少や増加を繰り返し，2003年以降は減少傾向にある。

(^{3}　　)　日本の一次エネルギー供給量のうち，石炭や天然ガスの供給量は，年ごとの変化は見られず，毎年ほぼ一定である。

(^{4}　　)　石油の確認可採埋蔵量が最も多い地域は中東である。

(^{5}　　)　日本のエネルギーの輸入依存度は2000年から2007年の平均で19%である。

(^{6}　　)　エネルギーの自給率（全体）の高い国を順に並べると，中国，アメリカ，イギリス，フランス，ドイツ，韓国，日本となる。

(^{7}　　)　原油の中東への依存度を低い順に並べると，イギリス，ドイツ，アメリカ，フランス，中国，韓国，日本となる。

(^{8}　　)　発電用に供給された一次エネルギーの26.6%は，損失となる。

(2)　次の文は「エネルギーの供給と需要」について述べたものである。文中の（　）内に適切な語や数値を記入せよ。

1)　天然ガスの確認可採埋蔵量が最も多い地域は（^{1}　　）で（^{2}　　）%，石炭は（^{3}　　）で（^{4}　　）%，ウランは（^{5}　　）で（^{6}　　）%である。

2)　石油，天然ガス，石炭，ウランのうち，可採年数が最も長いのは（^{7}　　）で（^{8}　　）年，最も短いのは（^{9}　　）で（^{10}　　）年である。

3)　発電用よりも非発電用に用いられる割合が多いのは，石炭と（^{11}　　）である。

4)　二次エネルギーとして利用できるのは，供給した一次エネルギーの約（^{12}　　）%である。

2 エネルギーの将来

(1)　次の文は「エネルギーの将来」について述べたものである。文中の（　）内に適切な語や数値を記入せよ。

1)　京都議定書は，世界各国が協力して温室効果ガスを抑制するために，（^{1}　　）年のCOP3の中で採択され，（^{2}　　）年2月発効した。

2)　温室効果ガスを抑制するためには，（^{3}　　）や新しいエネルギーの利用が重要である。

3)　日本の部門別 CO_2 排出量を多い順に並べるとエネルギー転換部門，（^{4}　　），

(5　　　　　　　　),（6　　　　　）（7　　　　　　　　　）（8　　　　　　）（9　　　　　）となる。

4)　日本の部門別 CO_2 排出量のうち，排出量が 1995 年度以降，年を追うごとに減少しているのは産業部門と（10　　　　　　　　）で，増えているのは（11　　　　　　）である。

5)　日本のエネルギー消費の推移に注目すると，（12　　　　）部門は約 74.7% から 62.7% に減少したが，民生部門のうちの（13　　　　　）部門は 8.9% から 14.1% に増加した。これは（14　　　　　　）の増加や生活の利便性・快適性・豊かさを追求する（15　　　　　　　　）の変化などによるものである。また，（16　　　　）部門でも 16.4% から 23.2% に増加したが，これには乗用車の（17　　　　　）・高出力化・安全性能の向上対策や公害対策，道路の渋滞，（18　　　　　　　　）による積載率の低下などによる。

(2)　次の文は「エネルギーの将来」について述べたものである。その内容が正しいものには○を，誤っているものには×を（　）内に記入せよ。

(1　　　　）　温室効果ガスの増加は産業革命以降，とりわけ 21 世紀に入ってからである。

(2　　　　）　二酸化炭素，メタン，フロンガスなどのガスは，温室効果ガスとよばれている。

(3　　　　）　温室効果ガスは，地球温暖化に大きな影響を及ぼす。

(4　　　　）　二酸化炭素の地球温暖化係数は，一酸化二窒素のそれよりはるかに大きい。

(5　　　　）　わが国の 1995 年から 2018 年までの温室効果ガスの排出量は，二酸化炭素を除くすべての温室効果ガスにおいて年々その排出量が減少してきた。

(6　　　　）　家庭からの二酸化炭素排出量の大部分は，動力のほかに分類される照明，冷蔵庫，掃除機，テレビなどの電気器具と自家用乗用車が占めている。

(3)　次の文は「新しいエネルギーの利用」について述べたものである。文中の（　）内に適切な語や数値を記入せよ。

1)　日本はエネルギーの約（1　　　　）割を海外に依存しいる。

2)　太陽光発電の発電効率は（2　　　　　　）% 程度で，稼働率は（3　　　　）% 程度である。

3)　風力発電の発電効率は（4　　　　　　）% 程度で，稼働率は（5　　　　）% 程度である。

4)　風力発電システムでは，その構造から，高速で回転させることができない羽根車を用いる場合がある。このようなシステムでは，（6　　　　　　）を用いて所用の回転速度に上昇させて発電機を駆動し，強風の場合には（7　　　　　　）によって制動するようにしている。

5)　廃棄物発電の発電効率は（8　　　　　　）% 程度で，稼働率は（9　　　　）% 程度である。

6)　燃料電池は，（10　　　　）と空気中の酸素との化学反応を利用して電気を発生させる。

(4)　次の文は「新しいエネルギーの利用」について述べたものである。その内容が正しいものには○を，誤っているものには×を（　）内に記入せよ。

(1　　　　）　燃料電池システムでは，化学反応にともなって熱エネルギーを発生するので，排熱

　　　　　回収装置を設置することでこの熱エネルギーも利用することができる。

(2　　　)　燃料電池の出力は，直流と交流である。

(3　　　)　廃棄物発電システムでは，燃料改質装置が不可欠である。

(5)　次の文は，表面積 50 m², 発電効率 18%，稼働率 12% の太陽電池を 8 時間稼働させたときの電力[kW]の求め方を示したものである。文中の（　）内に適切な数値を記入せよ。

　　太陽光は，1 m² かつ 1 時間あたり 3.6×10^6 J のエネルギーをもっているが，太陽電池の発電効率が 18% で，稼働率が 12% なので，取り出せるエネルギーは，次のようになる。

　　　　　(1　　　[J/(h・m²)])×(2　　　)×(3　　　)＝77.76×10^3 J/(h・m²)

　　この太陽電池は表面積が 50 m², 稼働時間が 8 時間なので，この間に取り出したエネルギーは，$77.76 \times 10^3 \times$ (4　　　)×(5　　　)＝31.10×10^6 J となる。

　　したがって，電力[kW]は，$\dfrac{31.10 \times 10^6}{(6\quad) \times (7\quad)} = 1.08$ kW である。

第2章　流体機械

1　流体機械のあらまし　(教科書 p. 30〜31)

(1)　次の文は「流体機械のあらまし」について述べたものである。文中の（　）内に適切な語を記入せよ。

1)　流体機械の作動流体には，液体である（1　　　　）や（2　　　　）などと，気体である（3　　　　）などが用いられる。

2)　ポンプは，（4　　　　）にエネルギーを与える機械である。

3)　圧縮機は，（5　　　　）にエネルギーを与える機械である。

4)　水車は，水の（6　　　　　　）などを（7　　　　　　　　　）に変換する機械である。

2　流体機械の基礎　(教科書 p. 32〜50)

1　流体の基本的性質

(1)　次の文は「流体の基本的性質」について述べたものである。文中の（　）内に適切な語や数値を記入せよ。

1)　標準状態における空気の密度は（1　　　　）kg/m³で，水の密度は（2　　　　）kg/m³である。

2)　通常，計算に用いる水の密度は（3　　　　）kg/m³としてよい。

3)　水とは異なり，空気は温度の上昇にともなって（4　　　　）が増して流れにくくなる。

2　圧力

(1)　次の文は「圧力」について述べたものである。その内容が正しいものには○を，誤っているものには×を（　）内に記入せよ。

(1　　　)　単位体積あたりに働く力を圧力という。

(2　　　)　水面下 1000 m に置いた物体が，水から受ける力の大きさは 9.81 MPa で，その値は上面でも下面でも，また側面でも同一である。

(3　　　)　重力の加速度と密度が一定ならば，圧力は深さに比例して大きくなる。

(4　　　)　重力の加速度と深さが一定のとき，圧力は密度に反比例して小さくなる。

(5　　　)　パスカルの原理がなりたつ密閉容器では，容器中の流体の圧力はどこでも同じである。

(6　　　)　絶対圧は，絶対真空を基準にして表した圧力である。

(7　　　)　ゲージ圧は，圧力計で示された圧力である。

(8　　　)　容器内の圧力が 30 kPa のときには，「容器内は真空である」といえる。

(2) 下の表は，水が壁面におよぼす圧力 p[kPa]を算出した結果を表したものである。水の密度を $1000\,\mathrm{kg/m^3}$，重力の加速度を $9.81\,\mathrm{m/s^2}$ としてこの表を完成させたのち，深さ h[m]と圧力 p[kPa]の関係を表すグラフを完成させよ。

表　深さと圧力

深さ h[m]	圧力 p[kPa]
0（水面）	0
2	1
4	39.2
6	2
8	3
10	4

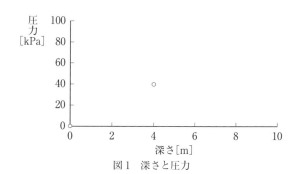

図1　深さと圧力

(3) 下の表は，シリンダとピストンで構成した密閉容器において，内圧 $p=200\,\mathrm{kP}$ を変えずに，ピストンの直径 d[mm]を変化させたとき，ピストンを移動させようとする力 F[N]を，パスカルの原理を適用して算出した結果を表したものである。この表を完成させたのち，ピストンの直径 d[mm]とピストンを移動させようとする力 F[N]の関係を表すグラフを完成させよ。

表　ピストンの直径と力

ピストンの直径 d[mm]	力 F[N]
0	0
20	62.83
40	1
80	2
120	3
160	4 021

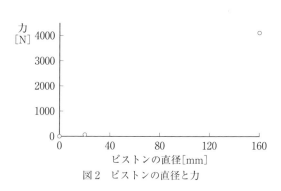

図2　ピストンの直径と力

3 管路の流れ

(1) 次の文は「管路の流れ」について述べたものである。その内容が正しいものには○を，誤っているものには×を（　）内に記入せよ。

(1　)　水道管内を流れる流体の速度は，管の中心の流れが，壁面付近の流れより速い。

(2　)　質量流量は，単位時間あたりに任意の断面を通過する流体の質量で表す量なので，流体の温度や圧力が変化すると，その値も変化する。

(3　)　管路を流れる流体の速度は，流量と管路のその部分の断面積がわかれば求めることができる。

(4   ) 管路の流れにおいて，連続の式を適用できるということは，「管路の途中での流入や流出が，ほんのわずかしかない。」ということである。

(2) 下の表は，管の大きさが流量におよぼす影響を示したものである。流速を 1.2 m/s としてこの表を完成させたのち，管の直径 d[mm] と流量 Q[m³/min] の関係を表すグラフを完成させよ。

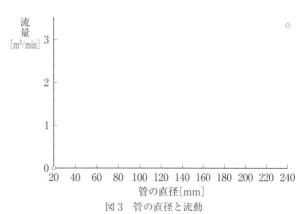

表 ピストンの直径と力

管の直径 d[mm]	流量 Q[m³/min]
20	22.6×10^{-3}
40	1
80	2
120	3
180	4
240	3.26

図 3 管の直径と流動

(3) 内径 160 mm のシリンダ①と内径 40 mm のシリンダ②を管でつないだ装置があり，その内部には非圧縮性流体が入っている。シリンダ①のピストンを 1 秒間に 20 mm の割合で移動させるためには，シリンダ②のピストンをどれだけの速さ[mm/s]で動かせばよいか。連続の式を利用して，その値を算出せよ。

答：速さ＝(   )mm/s

4 流体のエネルギー

(1) 次の文は「流体のエネルギー」について述べたものである。文中の（ ）内に適切な語を記入せよ。

1) 流体がもつエネルギーには，(1   ) エネルギーと，内部エネルギーがある。しかし，流体がもつ (2   ) エネルギーに該当する内部エネルギーは，(3   ) 変化が生じない流れの場合には考えなくてもよい。したがって，温度変化が生じない管路の流れを考えるときには，(4   ) エネルギーだけを考えればよい。

2) 流体がもつ (5   ) エネルギーは，運動エネルギー，重力による位置エネルギー，圧力のエネルギーの三つに分けられる。たとえば，容器内に留まっている水のように，流れていない流体については，(6   ) エネルギーや (7   ) のエネルギーは存在しないと考

えられる。一方，水平に設置した断面積が変化する管路内を流れている流体については，こ
れらのエネルギーとともに (8 　　　　　　) エネルギーも存在するが，

(9 　　　　　　) エネルギーの値は変化せずに一定である。

3) 流れの状態によって，運動エネルギーなどの各エネルギーの大きさが変化しても，

(10 　　　) エネルギーの総量に変化がないとすれば，その流れには (11 　　　　　　　　)
を適用することができる。

(2) 次の文は，基準面から $z = 25\,\text{m}$ の高さに設置された流路の断面積が $A = 1.20\,\text{m}^2$ の管路を，
水が充満して圧力 $p = 400\,\text{kPa}$，流速 $v = 0.46\,\text{m/s}$ で流れたとき，その水が1分間になした仕
事，すなわち水がもっていた圧力のエネルギーなどを求める過程を示したものである。文中
の（ ）内に適切な数値を記入せよ。

1) 流路の断面積が (1 　　　) m^2 で，流速が (2 　　　) m/s なので，流量 $Q[\text{m}^3/\text{s}]$ は次の式
で求める。 $Q = (3\ \ \ \ \ ) \times (4\ \ \ \ \ ) = 0.552\,\text{m}^3/\text{s}$ 　　　　答：流量 $Q = 0.552\,\text{m}^3/\text{s}$

2) 一般に水の密度は $1\,000\,\text{kg/m}^3$ とするので，質量流量 q_m は次の式で求める。

$q_m = (5\ \ \ \ \ ) \times 0.552 = 552\,\text{kg/s}$ 　　　　答：質量流量 $q_m = 552\,\text{kg/s}$

3) この水が流れた時間は1分間，すなわち (6 　　　) s なので，水の質量 $m[\text{kg}]$ は次の式で
求める。 $m = 522 \times (7\ \ \ \ \ ) = 31.3 \times 10^3\,\text{kg}$ 　　　　答：質量 $m = 31.3 \times 10^3\,\text{kg}$

4) 圧力のエネルギー $W[\text{kJ}]$ は，単位を整えた数値を次の式に入れて求める。

$$W = \frac{mp}{\rho} = \frac{31.3 \times 10^3 \times (8\ \ \ \ \ \ \ \ \ \ \ \ )}{1\,000} = 12.52 \times 10^6\,\text{J}$$

$= (9\ \ \ \ \ \ \ \ )\,\text{kJ}$ 　　　　答：圧力のエネルギー $W = (9\ \ \ \ \ \ \ \ )\,\text{kJ}$

5) 運動エネルギー $E_k[\text{kJ}]$ は，単位を整えた数値を次の式に入れて求める。

$$E_k = \frac{1}{2} \times mv^2 = \frac{1}{2} \times (10\ \ \ \ \ \ \ \ ) \times (11\ \ \ \ \ )^2 = (12\ \ \ \ \ ) \times 10^3\,\text{J}$$

$= (13\ \ \ \ \ )\,\text{kJ}$ 　　　　答：運動エネルギー $E_k = (13\ \ \ \ \ )\,\text{kJ}$

6) 重力による位置エネルギー $E_p[\text{kJ}]$ は，単位を整えた数値を次の式に入れて求める。

$E_p = mgz = (14\ \ \ \ \ \ \ ) \times 9.81 \times (15\ \ \ \ ) = (16\ \ \ \ \ \ \ )\,\text{J}$

$= (17\ \ \ \ \ )\,\text{kJ}$ 　　　　答：重力による位置エネルギー $E_p = (17\ \ \ \ \ )\,\text{kJ}$

7) この水の機械的エネルギー $E[\text{kJ}]$ は，次のように求めることができる。

$E = W + E_k + E_p$

$= (18\ \ \ \ \ \ \ ) + (19\ \ \ \ \ ) + (20\ \ \ \ \ \ \ ) = (21\ \ \ \ \ )\,\text{kJ}$

答：この水の機械的エネルギー $E = (21\ \ \ \ \ )\,\text{kJ}$

(3) 次の文は「流体のエネルギー」について述べたものである。その内容が正しいものには○を，誤っているものには×を（　）内に記入せよ。

(1　　) 圧力のエネルギーは，圧力に比例して，密度に反比例する。

(2　　) 運動エネルギーは，質量と速度に比例する。

(3　　) 重力による位置エネルギーは，質量と基準面からの高さに比例する。

(4　　) 次の式は，1 kg の流体がもつ機械的エネルギー，すなわち比エネルギーの総和は，時刻や場所などにかかわらず，つねに一定であることを示している。

$$\frac{p_1}{\rho}+\frac{v_1^2}{2}+gz_1=\frac{p_2}{\rho}+\frac{v_2^2}{2}+gz_2=一定 \quad [\mathrm{J/kg}]$$

(5　　) 流体の流れにおけるエネルギー保存則を，ベルヌーイの定理という。

(6　　) ベルヌーイの定理は，連続の式がなりたたたない管路でも適用できる。

(7　　) ノズルの利用例としては，ポンプがある。

(8　　) ノズルの出口では，入口に比べて流速が大きくなるが，その分だけ圧力などは小さくなる。

(9　　) ディフューザの利用例としては，蒸気タービンがある。

(10　　) ディフューザを用いて流れの断面積を 10 倍にすれば，流速は小さくなるが，圧力は大きくなる。

(11　　) トリチェリの定理が適用できる容器からの流出速度は，容器の底面にあけた穴からの流出速度より，液面付近にあけた穴からの流出速度がはやい。

(12　　) トリチェリの定理が適用できるときに，液面から流出口までの深さが一定ならば，流体の密度や粘度などが変わっても，流出速度は変わらない。

(13　　) 流体の比エネルギー[J/kg]を，重力の加速度[m/s²]で割った値をヘッドといい，一般に，その量記号には H を，単位には[m]を用いる。

(14　　) ベルヌーイの定理がなりたつ流れでは，圧力・速度・位置の各ヘッドの合計値すなわち全ヘッドは，つねに一定である。

(4) 次の文は，下に示す仕様のディフューザを水平に設置したときの，出口の水圧を求める過程を示したものである。文中の（　）内に適切な語句や数値を記入せよ。

　　仕様　・入口での圧力 $p_1 = 100$ kPa
　　　　　・入口と出口の流れの断面積の比 $\dfrac{A_1}{A_2}=\dfrac{1}{20}$
　　　　　・入口での流速 $v_1 = 20$ m/s

1) 入口での流速が $v_1 = 20$ m/s で，入口と出口の流れの断面積の比が $\dfrac{A_1}{A_2}=\dfrac{1}{20}$ なので，出口での流速 v_2[m/s]は，(1　　　　) を変形した次の式に，数値を入れて求める。

$$v_2=\frac{A_1}{A_2}\times v_1=(2\quad) \times (3\quad) = (4\quad)\mathrm{m/s}$$

2)　ディフューザを水平に設置したので，(^{5}　　　　　　　)の定理を表す式は，次のようになる。

$$\frac{p_1}{\rho}+\frac{v_1^2}{2}=\frac{p_2}{\rho}+\frac{v_2^2}{2}=\text{一定}\quad[\text{J/kg}]$$

3)　この式を変形した次の式に，水の密度 $\rho\,[\text{kg/m}^3]$，入口の流速 $v_1\,[\text{m/s}]$ と圧力 $p_1\,[\text{Pa}]$，出口の流速 $v_2\,[\text{m/s}]$ の値を入れて，出口の圧力 $p_2\,[\text{kPa}]$ を求める。

$$p_2=\frac{1}{2}\times(v_1^2-v_2^2)\rho+p_1$$

$$=\frac{1}{2}\times((^6\quad)^2-(^7\quad)^2)\times1\,000+(^8\quad\quad)$$

$$=(^9\quad\quad\quad)\,\text{Pa}=(^{10}\quad\quad)\,\text{kPa}\qquad\qquad\text{答：出口の水圧}\ p_2=(^{10}\quad\quad)\,\text{kPa}$$

(5)　下の表は，水が流出しても水面が降下しないような，容量の大きな水槽の壁面の各所に穴をあけて，大気中に水を流出させたとき，各穴から流出する水の速度を示したものである。重力の加速度を $9.81\,\text{m/s}^2$ として，この表を完成させたのち，水面からの深さ $h\,[\text{m}]$ と流出速度 $v\,[\text{m/s}]$ の関係を表すグラフを完成させよ。

表　ピストンの直径と力

水面からの穴の深さ $h\,[\text{m}]$	流出速度 $v\,[\text{m/s}]$
0	0
1	1
2	2
4	3
8	4
16	17.72

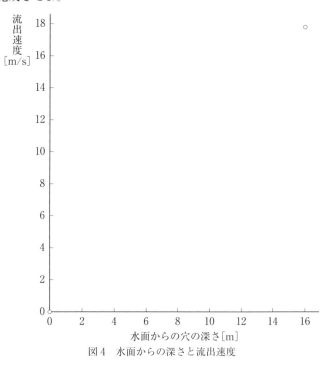

図4　水面からの深さと流出速度

5 流れにおけるエネルギー損失

(1) 次の文は「流れにおけるエネルギー損失」について述べたものである。文中の（ ）内に適切な語や数値などを記入せよ。

1) 実際に管路を流れる水などは，理想的な（1　　）のない流れとは異なり，水と（2　　）や，水と水との（3　　）などにより，その（4　　）が上昇する。つまり，水の（5　　）エネルギーの一部は（6　　）エネルギーに変わってしまうのである。そして，このエネルギーは（7　　）エネルギーに戻ることはないので，流れにおける（8　　　　）になる。

2) 管摩擦による比損失エネルギーは，管摩擦係数が2倍になれば（9　　）倍になり，管の長さが3倍になれば（10　　）倍になり，流路の直径が4倍になれば（11　　）倍になり，流速が5倍になれば（12　　）倍になる。

(2) 次の文は「流れにおけるエネルギー損失」について述べたものである。その内容が正しいものには○を，誤っているものには×を（ ）内に記入せよ。

(1　　) 実際の管路を流れる水は，管路が長いほど，圧力・速度・重力による位置エネルギーなどのエネルギーを失う割合が増加する。

(2　　) 管摩擦による比損失エネルギーは，管の長さや圧力に比例する。

(3　　) いろいろな形状の管路を損失係数が小さい順に並べると，ベンド，流入口（角端），エルボ，フート弁（ストレーナ付），流出口，放流となる。

(3) 下の表は，損失係数が0.24のときの流速の変化に対する管路の形状による損失ヘッドの値を示したものである。重力の加速度を $9.81 \mathrm{m/s^2}$ としてこの表を完成させたのち，流速 $v[\mathrm{m/s}]$ と管路形状による損失ヘッド $H_s[\mathrm{mm}]$ の関係を表すグラフを完成させよ。

表 ピストンの直径と力

流速 $v[\mathrm{m/s}]$	管路形状による損失ヘッド $H_s[\mathrm{mm}]$
0	0
1	12.23
2	1
3	2
4	3
5	4

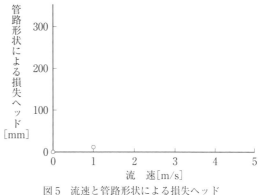

図5 流速と管路形状による損失ヘッド

(4) 次の文は，毎分 $2.70\ \mathrm{m}^3$ の水が，内径が $300\ \mathrm{mm}$ で管摩擦係数が 0.03 の鋼管内を流れているときに，$2\ \mathrm{km}$ 離れた場所での損失圧力を求める過程を示したものである。文中の（　）内に適切な数値を記入せよ。

1) 流量は，1分間あたりの値 $2.70\ \mathrm{m}^3/\mathrm{min}$ で示されているので，これを1秒間あたりの値に改めると，次のように求まる。

$$Q = \frac{2.70}{(1\qquad)} = 0.045\ \mathrm{m}^3/\mathrm{s}$$

2) 鋼管の内径が $300\ \mathrm{mm}$ すなわち（2　　　）m で，流量が $0.045\ \mathrm{m}^3/\mathrm{s}$ なので，教科書 p.39 の（6）式を変形した次の式に数値を入れると，流速は次のように求まる。

$$v = \frac{Q}{A} = \frac{Q}{\dfrac{\pi}{4} \times d^2}$$

$$= \frac{(3\qquad)}{\dfrac{\pi}{4} \times (4\qquad)^2} = 0.637\ \mathrm{m/s}$$

3) 管摩擦係数 λ，管の長さ $l[\mathrm{m}]$，直径 $d[\mathrm{m}]$，流速 $v[\mathrm{m/s}]$ の各値を，教科書 p.48 の（20）式を変形した次の式に入れると，管摩擦損失ヘッド $[\mathrm{m}]$ は次のように求まる。

$$H_f = \frac{\lambda}{g} \cdot \frac{l}{d} \cdot \frac{v^2}{2}$$

$$= \frac{(5\qquad)}{9.81} \times \frac{(6\qquad)}{(7\qquad)} \times \frac{(8\qquad)^2}{2}$$

$$= 4.14\ \mathrm{m}$$

豆知識

層流と乱流

　管内を流れる水は，すんなりときれいに流れる場合もあれば，取っ組み合いの喧嘩(けんか)でもしているかのようにくんずほぐれずしてというか，入り乱れて流れる場合もあります。きれいな流れを層流といい，乱れた流れを乱流といいます。この流れ方，乱流か層流かは管内を見なくてもわかるんです。レイノルズさんのおかげです。管の直径 $d[\mathrm{m}]$ に流速 $v[\mathrm{m/s}]$ をかけた値 dv $[\mathrm{m}^2/\mathrm{s}]$ を，動粘度 ν（ニュー）$[\mathrm{m}^2/\mathrm{s}]$ で割った値 dv/ν が，$2\,320$ より大きければ乱流なのです。もちろん小さければ層流です。便利ですね。水の動粘度（$1.03 \times 10^{-6}/20℃$）のようにその値が小さいものは，乱流になりやすいようですね。ちなみに，動粘度 $\nu[\mathrm{m}^2/\mathrm{s}]$ は，粘度 $[\mathrm{Pa \cdot s}]$ を密度「$\mathrm{kg/m}^3$」で割って求めます。

3 流体の計測 （教科書 p. 51〜61）

1 圧力の測定

(1) 次の文は「圧力の測定」について述べたものである。文中の（ ）内に適切な語を記入せよ。

1) 流体の圧力をはかる計器を（1　　　　）といい、このうち、液柱をもってつり合いを保たせ、その（2　　　　）で圧力ヘッドを指示させる計器を（3　　　　）という。

2) 工業用の圧力計として一般に広く使用されている（4　　　　）は、圧力を直接読み取ることができる。

3) 検出した圧力を、ダイヤフラムや（5　　　　）などの（6　　　　）に加えて変形させ、その変形量を（7　　　　）などによって電気量の変化として取り出して圧力を指示させる（8　　　　）は、自動制御機器などにも多く利用されている。

(2) 次の文は「圧力の測定」について述べたものである。その内容が正しいものには〇を、誤っているものには×を（ ）内に記入せよ。

(1　　) 水柱マノメータと水銀柱マノメータにおいて、それらの液中の高さが同じならば、圧力の大きさは等しい。

(2　　) U字管マノメータは、差圧の計測に適している。

(3　　) 圧力を計測していたら、一定の高さで静止していたマノメータの液柱の高さが少し下がったのち、再び静止した。これは、マノメータに接続した管路の圧力が少し下がったのち、その圧力で再び安定したためである。

(4　　) ブルドン管圧力計は、ブルドン管とよばれる円形断面の黄銅管が、圧力を受けて、だ円形に戻ろうとする性質を利用したものである。

(3) 図6(a)は、管路を流れる水の圧力を、上部を大気に開放した水柱マノメータではかる様子を示したものである。次の文中の（ ）内に適切な語句、量記号、数値を記入せよ。

コックを開くと、管路を流れる水の一部は、垂直に立てた（1　　　　）に流入して上昇し、やがて静止した。この静止した液柱の高さは、マノメータの基準点すなわち管路の中心から480 mmであった。ここでマノメータの基準点における圧力に注目すると、一方は（2　　　　）を流れる水による圧力 p [Pa] で、他方は垂直に立てた水柱マノメータの

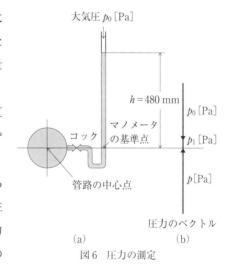

大気圧 p_0 [Pa]

$h = 480$ mm

p_0 [Pa]

マノメータ
の基準点

p_1 [Pa]

コック

管路の中心点

p [Pa]

圧力のベクトル

(a)　　　　　(b)

図6 圧力の測定

(3   ) による圧力 p_1[Pa]に，開放した上部からこの液柱に加わる (4   ) p_0[Pa]を加えた圧力 $p_1 + p_0$[Pa]である。これらの関係を図（b）に圧力のベクトルで示す。ここで，水の密度を ρ[kg/m³]，重力の加速度を g[m/s²]とすれば，これらの圧力は次のように表すことができる。

$$p = (5\quad) + (6\quad) = \rho gh + (6\quad)$$

大気圧を $100\,\text{kPa} = (7\qquad)$ Pa，水の密度を $1\,000\,\text{kg/m}^3$，重力の加速度を $9.81\,\text{m/s}^2$ として，このほかの必要な数値も単位を整えてからこの式に入れると，圧力 p[kPa]が求まる。すなわち，

$$p = (8\quad) \times 9.81 \times (9\quad) + (7\qquad)$$
$$= (10\qquad)\,\text{Pa} = (11\quad)\,\text{kPa}$$

<u>答：管路の中心における水の圧力 $p = (11\qquad)$ kPa</u>

(4) 図7に示すように，2本の管路を流れる密度 $872\,\text{kg/m}^3$ の油圧作動油①と②の圧力差をはかるために，水銀を入れたU字管マノメータをつないだら，水銀柱は $340\,\text{mm}$ の差を示して安定した。このとき，次の文中の（ ）内に適切な記号，量記号，数値を記入せよ。

1) ここでは圧力差を求めるために，油圧作動油①が水銀と接する (1   ) 面における圧力のつり合いを考えよう。

2) この面における管路①側の圧力 p_{A1} は，油圧作動油①の圧力を p_1，密度を ρ_1 とすると，次のように表すことができる。

$$p_{A1} = p_1 + \rho_1 \times g \times (2\qquad)$$

3) この面における管路②側の圧力 p_{A2} は，油圧作動油②の圧力を p_2，密度を ρ_1，水銀の密度を ρ_g とすると，次のように表すことができる。

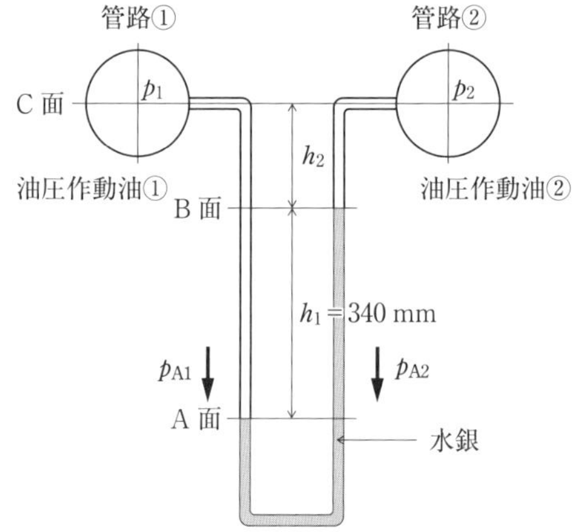

$$p_{A2} = p_2 + \rho_g \times g \times (3\quad) + \rho_1 \times g \times (4\quad)$$

図7 差圧の測定

4) 水銀柱は $340\,\text{mm}$ の差を示して安定したので，A面の圧力 p_{A1} と p_{A2} は同じ高さであるから等しい。そこで次の式が得られる。

$$p_1 + \rho_1 \times g \times (2\qquad) = p_2 + \rho_g \times g \times (3\quad) + \rho_1 \times g \times (4\quad)$$

5) この式を展開すると次の式が得られるので，水銀の密度 $13.6 \times 10^3\,\text{kg/m}^3$ などの数値を代入して，圧力差 $p_1 - p_2$[kPa]を求める。

$$p_1 - p_2 = (\rho_g - \rho_1) \times g \times h_1$$
$$= ((5\qquad) - (6\qquad)) \times 9.81 \times (7\quad)$$
$$= (8\qquad)\,\text{Pa} = (9\qquad)\,\text{kPa}$$

<u>答：管路の中心における圧力差 $p_1 - p_2 = (9\qquad)$ kPa</u>

2　流速の測定

(1) 次の文は「流速の測定」について述べたものである。文中の（　）内に適切な語や数値を記入せよ。

1) 流速の測定には，$(^1\quad)$ の定理を適用することで測定の原理を説明できるピトー管，$(^2\quad)$ 効果を利用するレーザ流速計，流れの冷却作用による $(^3\quad)$ の温度と電気抵抗の変化を利用する熱線流速計などが用いられている。

2) $(^4\quad)$ の使用例には航空機の飛行速度測定があり，$(^5\quad)$ の使用例にはガソリン機関内での燃焼火炎の伝播速度の測定などがある。

3) ピトー管を用いて実際の流れの速さを求めるには，マノメータなどによる $(^6\quad)$ の測定が不可欠である。

4) ピトー管を用いて求めた管路の流れの平均流速が 1.8 m/s のとき，管路の流れの断面積が 1.2m^2 ならば，流量は $(^7\quad)$ m^3/s，すなわち $(^8\quad)$ m^3/min である。

5) ピトー管による流速測定において，全圧が 534 kpa で，静圧が 124 kPa のときの動圧は $(^9\quad)$ kPa である。

(2) 次の文は「流速の測定」について述べたものである。その内容が正しいものには○を，誤っているものには×を（　）内に記入せよ。

$(^1\quad)$ ピトー管を用いて流れの速度を測定するには，流れに沿うようにピトー管を設置し，その先端を下流に向ける。

$(^2\quad)$ ピトー管のよどみ点では，流体の流れが静止しており，流速は 0 である。

$(^3\quad)$ ピトー管のよどみ点の圧力は，全圧として指示される。

$(^4\quad)$ 熱線流速計は，ピトー管では困難な低速の流れの測定もできる。

$(^5\quad)$ 実際の流速をピトー管で求めるためには，レイノルズ数 c をかけて補正する。

(3) 対気速度（空気に対する飛行機などの速度をいう。）を測定するために，ピトー管係数が 0.99 のピトー管を取りつけた小形飛行機がある。この飛行機は，飛行中に測定した動圧指示と，この値などから算出した対気速度を計器で示すようになっている。空気の密度を 1.342 kg/m^3 とし，マノメータ内の空気の密度は無視できるものとしたとき，次の文の（　）内に適切な量記号や数値を記入したのち，同様な計算によって対気速度などを求めて，次の表を完成させよ。また，動圧指示 h_1[mmH$_2$O] と対気速度 v[m/s] の関係を表すグラフを完成させよ。

1) 指示装置内の空気の密度は無視できるので，ピトー管の動圧指示が $h_1 = 100$ mmH$_2$O を示しているとき，この値による圧力 p_1 は，空気の速度ヘッド h_2[m] による圧力 p_2 に等しい。ここで重力加速度を g[m/s^2]，水の密度を ρ_1[kg/m^3]，空気の密度を ρ_2[kg/m^3] とすると，圧力 p_1 と p_2 の関係は次のように表すことができる。

$$p_1 = p_2 = (1 \qquad) = (2 \qquad)\,[\text{Pa}]$$

2) 空気の速度ヘッド $h_2\,[\text{m}]$ は，次の式に水の密度 $1000\,\text{kg/m}^3$ などの数値を入れて求める。

$$h_2 = \frac{\rho_1 \times h_1}{\rho_2} = \frac{(3 \qquad) \times (4 \qquad)}{(5 \qquad)} = 74.5\,\text{m}$$

3) 対気速度 $v\,[\text{km/h}]$ は，重力の加速度 $9.81\,\text{m/s}^2$ などの数値を，次の式に入れて求める。

$$v = c\sqrt{2\,g h_2}$$
$$= 0.99\sqrt{2 \times (6 \qquad) \times (7 \qquad)} = (8 \qquad)\,\text{m/s} = 136.3\,\text{km/h}$$

表　速度ヘッドと対気速度

動圧指示 h_1 [mmH$_2$O]	空気の速度 ヘッド h_2[m]	対気速度 v [m/s]	対気速度 v [km/h]
0	0	0	0
25	18.63	18.93	9
50	10	11	12
100	74.5	13	136.3
200	14	15	16
400	17	18	19

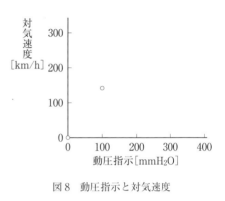

図8　動圧指示と対気速度

3 流量の測定

(1) 次の文は「流量の測定」について述べたものである。その内容が正しいものには○を，誤っているものには×を（　）内に記入せよ。

(1　　) ベンチュリ計は，その形状から，ごみなどの堆積が少ないので，工業用水や工場排水などの比較的口径の大きな管路の流量測定に用いられる。

(2　　) 同じ管路に，同じ開口比の管内オリフィスとノズルを取りつけて流量を測るときには，管内オリフィスに生じる差圧が，ノズルに生じる差圧より大きくなる。

(3　　) 管の一部を切断して，そこにベンチュリ計やノズルをはめ込む場合，ベンチュリ計は切断して取り除く管の長さがノズルより短くてよいので，狭い場所でもはめ込むことができる。

(4　　) オリフィスの特徴の一つに，流れのエネルギー損失が小さいことがある。

(5　　) 流量係数の平均値が大きい順に差圧流量計を並べると，ノズル，ベンチュリ計，管内オリフィスとなる。

(6　　) 電磁流量計は，空気の流量測定に適している。

(7　　) 超音波流量計は，水はもとより，空気や油の流量測定に適している。

(8　　) 渦流量計は，液体や気体の流量測定に用いられている。

(9　　) タービン流量計は，石油製品や液化天然ガスの流量測定に用いられている。

(10　　) 差圧流量計では，流量は差圧に比例する。

(2) 下の表は，管路を流れるオイルの実流量を管内オリフィスで測定するようすを示した図において，U字管を用いた水銀柱マノメータの圧力ヘッドの差とオイルの流量の関係を表したものである。次の文の（　）内に適切な量記号や数値を記入したのち，同様な計算によって流量を求めて表を完成させよ。また，水銀柱マノメータの圧力ヘッドの差 H[mmHg]とオイルの実流量 Q_a[L/s]の関係を示すグラフを完成させよ。なお，水の密度は $1\,000$ kg/m³，水銀の密度は 13.6×10^3 kg/m³，重力の加速度は 9.81 m/s²，管内オリフィスの絞り部の断面積は 2.83×10^{-3}[m²]，流量係数は 0.662，オイルの密度は 0.872 kg/m³ とする。

1) 管路を流れる水の差圧を水銀柱マノメータを用いてはかる場合には，水銀柱マノメータの圧力ヘッドの差を H'[m]とすれば，水の圧力ヘッドの差 h'[m]は，次のようになる。

$$h' = (^1 \qquad) \times H' \text{[m]}$$

2) 今回は，密度が 0.872 kg/m³ のオイルが管路を流れているので，水銀柱マノメータの圧力ヘッドの差を H[m]とすると，オイルの圧力ヘッドの差 h[m]を求める式は，次のようになる。

$$h = \left(\frac{13.6}{0.872} - 1 \right) \times H = (^2 \qquad) \times H \text{[m]}$$

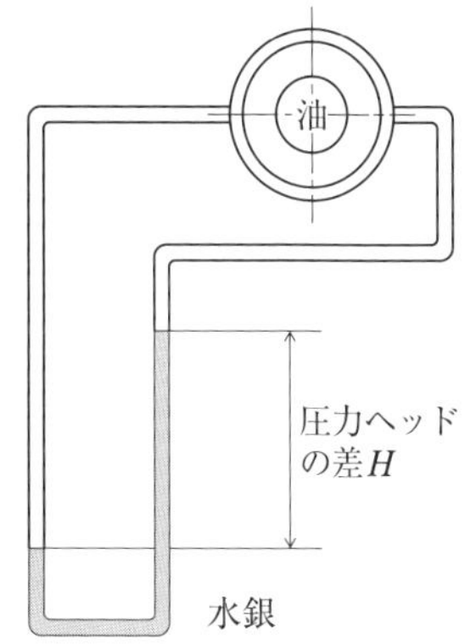

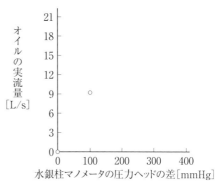

管内オリフィス

油

圧力ヘッドの差 H

水銀

図9　管内オリフィス

3) 管内オリフィスの実流量 Q_a[L/s]を求める式を次に示す。

$$Q_a = cA\sqrt{2\,gh} \times (^3 \qquad)$$

4) 水銀柱マノメータの圧力ヘッドの差が 100 mmHg のときの圧力ヘッドの h[m]と，オイルの実流量 Q_a[L/s]を求める式を次に示す。

$$h_{100} = 14.6 \times 100 \times (^4 \qquad) = 1.46 \text{ m}$$

$$Q_{a100} = (^5 \qquad) \times (^6 \qquad) \times \sqrt{2 \times 9.81 \times 1.46} \times (^3 \qquad)$$

$$= 10.03 \text{ L/s}$$

表　水銀柱マノメータの示差とオイルの流量

水銀柱マノメータの圧力ヘッドの差 H[mmHg]	オイルの圧力ヘッドの差 h[m]	オイルの実流量 Q_a[L/s]
0	0	0
10	0.146	7
20	8	9
50	10	11
100	1.46	10.03
200	12	13
400	14	15

図10　水銀柱マノメータの圧力ヘッドの差と流量

4 ポンプ （教科書 p. 62〜79）

1 ポンプの分類と利用

(1) 次の文は「ポンプの分類と利用」について述べたものである。文中の（　）内に適切な語を記入せよ。

1) ポンプは，（1　　　）に外部から機械的エネルギーを与えて，（2　　　）のエネルギーを高めて送り出す流体機械である。

2) 灌漑用水のように，揚程は低くても大きな吐出し量が必要な場所には，（3　　　　）が用いられる。

3) 現在使用されているポンプの大半は，用途の広い（4　　　　）である。

(2) 次の文は「ポンプの分類と利用」について述べたものである。その内容が正しいものには○を，誤っているものには×を（　）内に記入せよ。

(1　　) ディフューザポンプは，ターボポンプに分類される。

(2　　) 歯車ポンプは，容積式ポンプに分類される。

(3　　) ラジアルピストンポンプは，往復ポンプに分類される。

(4　　) 斜流ポンプは，遠心ポンプに分類される。

(5　　) 噴流ポンプは，ターボポンプに分類される。

(6　　) ベーンポンプは，往復ポンプに分類される。

(7　　) 軸流ポンプには，ケーシングとインペラが必要である。

(8　　) ターボポンプを揚程の大きな順に並べると，遠心ポンプ，軸流ポンプ，斜流ポンプとなる。

2 遠心ポンプ

(1) 下の遠心ポンプの図を見て，①〜⑤の各部の名称を答えよ。また，吸込口側から見た軸の回転方向⑥（時計まわり・反時計まわり）を答えよ。

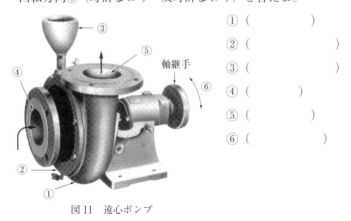

図11 遠心ポンプ

① （　　　　　　）

② （　　　　　　　）

③ （　　　　　　）

④ （　　　　）

⑤ （　　　　　　）

⑥ （　　　　　　）

(2) 次の文は，下の遠心ポンプの揚水原理を示す図，および遠心ポンプについて説明したもの
である。その内容が正しいものには○を，誤っているものには×を（　）内に記入せよ。

(1) (　　) 図において，水槽B内でインペラ
が回転すると，それにつれて回転した
水槽B内の水面は，中心部，外周部
ともに上昇する。

(2) (　　) 図において，水槽Aから水槽Bに
水が流れるのは，水槽Bの水面の中
心部の圧力が，水槽Aの中心部水面
の圧力より低いことによる。

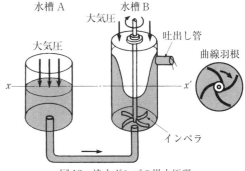

図12　遠心ポンプの揚水原理

(3) (　　) 図中のインペラの回転が停止すると，水槽AとBの水面の高さはやがて等しくな
る。

(4) (　　) 図において，インペラの回転が十分でなく遠心力が不足している場合には，水槽B
から水槽Aに向かって水が流れる。

(5) (　　) ディフューザポンプは，渦巻きポンプに比べて，インペラ1段あたりの揚程が大き
い。

(6) (　　) 渦巻きポンプのケーシングには，ノズル機能をもたせる。

(7) (　　) 両吸込形渦巻きポンプでは，側板が背中合わせになった形のインペラを用いる。

(8) (　　) 主軸に多数のインペラを直列に取りつけた遠心ポンプを，渦巻きポンプという。

(9) (　　) インペラは，羽根車ともよばれる。

(10) (　　) オープン形インペラには，羽根がついていない。

(11) (　　) ケーシングにおける流路は，吐出し口に近づくほど広がっている。

(12) (　　) ガイドベーンにおける流路は，外周部に行くにしたがって広がっている。

3 軸流ポンプ

(1) 下の軸流ポンプの図を見て，①～⑨の各部の名称を答えよ。

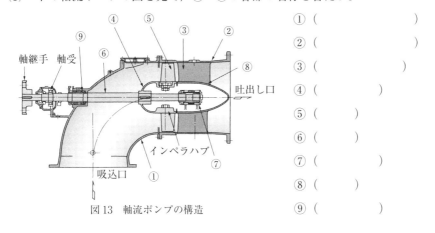

図13　軸流ポンプの構造

① (　　　　　　　　　)

② (　　　　　　　　　)

③ (　　　　　　　　　)

④ (　　　　　　)

⑤ (　　　　　　)

⑥ (　　　　　　)

⑦ (　　　　　　)

⑧ (　　　　　　)

⑨ (　　　　　　)

(2) 次の文は「軸流ポンプ」について述べたものである。文中の（　）内に適切な語を記入せよ。

1) 軸流ポンプは，液体が，回転するインペラの（¹　　　　）を通過するさい，羽根の上面と下面の（²　　　）変化によって生じる（³　　　　）などを利用して，吸い込んだ液体を羽根の後方に送り出す。

2) 軸流ポンプのインペラに取り付ける羽根は，運転中でも羽根の（⁴　　　　）を調整できるものが多い。

3) （⁵　　　）形軸流ポンプの揚程は，6～7 m 以下で，（⁶　　　）形でも 10～12 m 以下である。

4) 横軸形軸流ポンプを使用する場合には，ポンプ停止時の逆流を防ぐためなどの目的で，（⁷　　　　　）を排水管の先端に取りつける。

(3) 次の文は「軸流ポンプ」について述べたものである。その内容が正しいものには○を，誤っているものには×を（　）内に記入せよ。

(¹　　）軸流ポンプの羽根は，下面に比べて，上面が大きく湾曲した断面形状である。

(²　　）軸流ポンプは，運転中のガイドベーンの取付角を調整することで，流量の変化にともなう効率の変動を防いでいる。

(³　　）可変羽根形の軸流ポンプの羽根の取付角を，軸に対して 75 度の方向から 80 度の方向に変えると，吐出し量は減少する。

(⁴　　）軸流ポンプには，吐出し量が 1000 m³/s を越えるポンプもある。

(⁵　　）軸流ポンプの主な用途は，上下水道である。

4 斜流ポンプ

(1) 下の斜流ポンプの図を見て，①～⑨の各部の名称を答えよ。

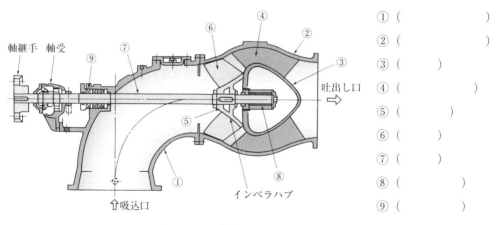

① （　　　　　　　　　）
② （　　　　　　　　　）
③ （　　　　　）
④ （　　　　　　　　）
⑤ （　　　　　）
⑥ （　　　　　）
⑦ （　　　　　）
⑧ （　　　　　　）
⑨ （　　　　　　）

図14　斜流ポンプの構造

(2)　次の文は「斜流ポンプ」について述べたものである。その内容が正しいものには○を，誤っているものには×を（　）内に記入せよ。

(1　　　　)　斜流ポンプは，遠心ポンプと軸流ポンプの揚水原理を合わせて利用している。つまり，遠心力と羽根の上面と下面の速度差によって生じる圧力差の両方を利用して揚水している。

(2　　　　)　斜流ポンプの構造は，渦巻きポンプとディフューザポンプの両方に似ている。

(3　　　　)　斜流ポンプの揚程は，300 m 程度である。

(4　　　　)　軸流ポンプと同等の吐出し量の斜流ポンプもつくられている。

(5　　　　)　斜流ポンプのパッキンは，回転する軸と軸受とのすき間からの水の漏出を防ぐために用いる。

(6　　　　)　斜流ポンプの主軸は，ケーシングの外部に設けた軸受と，内部に設けた水中軸受で支持される。

(7　　　　)　斜流ポンプの羽根は，主軸に固定されたインペラハブとインペラが内筒と一体になって回転する。

(8　　　　)　斜流ポンプのガイドベーンは，吸込ケーシングに固定されている。

5　ターボポンプの性能と運転

(1)　次の文は「ターボポンプの性能と運転」について述べたものである。文中の（　）内に適切な語を記入，あるいは（　）内の適切な語を選択せよ。

1)　ターボポンプに分類される遠心ポンプや（1　　　　）ポンプ，（2　　　　）ポンプの性能を表す特性曲線は，横軸に（3　　　　）[m³/min]を取り，縦軸には軸の（4　　　　）[min⁻¹]が一定のもとでの（5　　　　）[m]，（6　　　　）[%]，（7　　　　）[kW]をとってつくる。

2)　ポンプの性能を表す全揚程[m]は，ポンプが揚水できる（8　　　　）な高さを表す値である。

3)　吐出し水面と吸込水面との高さの差を（9　　　　）[m]といい，この値は（10　　　　）[m]から吸込管と吐出し管での（11　　　　）[m]を差し引いた値である。

4)　液体が管路を流れているときに，仕切弁などを操作してその流れを急に止めると，（12　　　　）が発生することがある。

5)　ポンプなど，液体を扱う流体機械に（13　　　　）が生じないようにするためには，吸込圧力を高くすることが望ましい。このためには，吸込高さを（14 大きく・小さく）したり，吸込管を（15 長く・短く）するとよい。

6)　ポンプの運転中に，吐出し圧力と吐出し量が周期的に変動して，ポンプやそれにつないだ管路などが周期的な振動を起こしている場合には（16　　　　）を起こしている可能性が高い。この現象は，ポンプの吸込み側や吐出し側に設けた（17　　　　）の指針の振れ方を観察することで察知できる。

7)　ポンプ始動時に，その内部を水で充満させる操作を（18　　　　）という。

8)　ポンプの始動は，吐出し弁を操作して，（19　　　　　）が最小になるようにしてから行う。

(2)　次の文は「ターボポンプの性能と運転」について述べたものである。その内容が正しいものには○を，誤っているものには×を（　）内に記入せよ。

(1　　　)　ポンプが，液体に与えたエネルギーを理論動力という。

(2　　　)　大形の遠心ポンプの効率は95%にも達するが，小形の遠心ポンプではそこまで届かず，75%程度である。

(3　　　)　遠心ポンプは，吐出し量が設計点の値になるように吐出し仕切弁を操作して運転すれば，全揚程が最大になる。

(4　　　)　遠心ポンプは，吐出し量が設計点付近の値のときに効率の変動が少ない。

(5　　　)　ポンプの内部でキャビテーションが発生すると，その部分が振動を起こしたり，騒音を発生したりする。

(6　　　)　サージング現象が発生した場合には，吐出し仕切弁を操作して，吐出し量を小さくするとよい。

(7　　　)　軸流ポンプなどの大形ポンプでは，遠心ポンプを利用して呼び水を行う。

(8　　　)　遠心ポンプの始動時には，吐出し側仕切り弁を全開にしておく。

(9　　　)　遠心ポンプのグランドパッキンや軸流ポンプのパッキンなどは，ポンプからの水の漏出を防ぐためのものである。

(3)　設計点における吐出し量が860 m³/min，全揚程が3.5 m，効率が92%の軸流ポンプを運転するのに必要な電動機の出力を求めたい。次の文中の（　）内に適切な語句や数値を記入せよ。

1)　次の式に水の密度，重力の加速度，吐出し量，全揚程などの数値を，単位を整えてから代入して（1　　　　）P_w[kW]を求める。

$$P_w = \frac{\rho g Q H}{1\,000} = \frac{1\,000 \times 9.81 \times \dfrac{(2\quad)}{(3\quad)} \times (4\quad)}{1\,000} = 492\ \text{kW}$$

2)　電動機の出力は，（5　　　　　　）を求める次の式を変形して求める軸動力P_e[kW]であるから，

$$\eta = \frac{P_w}{P_e} \times 100\,[\%]$$

$$P_e = \frac{P_w}{\eta} \times 100 = \frac{492}{(6\quad)} \times 100 = (7\quad)\ \text{kW}$$

答：必要な電動機の出力 $P_e =$ (7　　　　　　kW)

6 容積式回転ポンプ

(1) 下の歯車ポンプの名称（①，⑥）と，各部の名称（②～⑤，⑦～⑪）を答えよ。

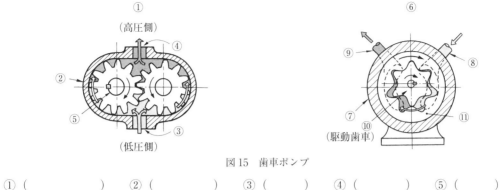

図15 歯車ポンプ

① (　　　　　) ② (　　　　　) ③ (　　　　　) ④ (　　　　　) ⑤ (　　　　　)

⑥ (　　　　　) ⑦ (　　　　　) ⑧ (　　　　　)

⑨ (　　　　　) ⑩ (　　　　　) ⑪ (　　　　　)

(2) 次の文は「容積式回転ポンプ」について述べたものである。その内容が正しいものには○を，誤っているものには×を（　）内に記入せよ。

(1　) 外接歯車ポンプは，その構造上，閉じ込み現象を起こしやすい。

(2　) 閉じ込み現象は，ノッキングの発生原因となる。

(3　) 内接歯車ポンプは，吐出し量や圧力の周期的な変動が少ない。

(4　) 内接歯車ポンプの外歯車は，内歯車の回転にともなって回転する。

(5　) ねじポンプの雌ロータは，雄ロータによって回転する。

(6　) ねじポンプの吐出し量は，雌ロータと雄ロータの間隔を変えて行う。

(7　) 可変容量形ベーンポンプでは，カムリングの中心の位置を，駆動軸の中心と一致させることで吐出し量を増すことができる。

(8　) 粘度の高い液体の移送には，ベーンポンプが適している。

(9　) 外接歯車ポンプは，小形で脈動が少ない。

7 容積式往復ポンプ

(1) 右のアキシアルピストンポンプの各部の名称を答えよ。

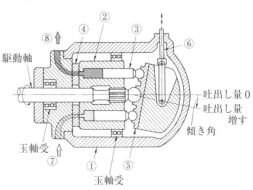

① (　　　　) ② (　　　　　　)

③ (　　　　) ④ (　　　　)

⑤ (　　　　) ⑥ (　　　　　)

⑦ (　　　　) ⑧ (　　　　)

図16 アキシアルピストンポンプ

(2) 次の文は「容積式往復ポンプ」について述べたものである。その内容が正しいものには○を，誤っているものには×を（　）内に記入せよ。

(1　　　) 容積式往復ポンプは，おもに油圧ポンプとして用いられる。

(2　　　) 容積式往復ポンプでは，シリンダブロックの往復運動が不可欠である。

(3　　　) 斜板式アキシアルピストンポンプでは，シリンダブロックとピストンと弁板が，駆動軸と一緒にひとかたまりになって回転する。

(4　　　) 斜板式アキシアルピストンポンプでは，ピストンを往復運動させるために，駆動軸の回転とともに，斜板の傾きが不可欠である。

(5　　　) 斜板式アキシアルピストンポンプでは，斜板の傾きを大きくすると，吐出し量が少なくなる。

(6　　　) アキシアルピストンポンプは，航空機や金属プレス加工用など高い吐出し圧力が要求されるポンプに用いられている。

8 容積式ポンプの性能と運転

(1) 次の文は「容積式ポンプの性能と運転」について述べたものである。文中の（　）内に適切な語を記入，あるいは（　）内の適切な語を選択せよ。

1) 容積式ポンプの選定は，(1　　　　　)[MPa]の大きさの検討から始まることが多く，このポンプを運転するときには，この値に対する (2　　　　)[m³/min]，(3　　　)[%]，(4　　　)[kW]が，どのように変化するかを把握しておくことが望ましい。したがって，ポンプの駆動軸の (5　　　　) を一定に保って運転したときの，これらの関係を表す (6　　　　) を読みとれるようにすることが大切である。

2) 容積式ポンプでは，軸動力は (7　　　　) にほぼ比例する。

3) 容積式ポンプのうち，(8　　　) ポンプと (9　　　) ポンプの効率は，最大値に達したあとは，吐出し圧力が上昇してもあまり変化しないが，(10　　) ポンプの効率は穏やかに減少する。

4) 遠心ポンプの全揚程が最大になるのは，吐出し仕切弁を少し (11 開いた・閉じた) 状態の時であるが，容積式ポンプでは吐出し弁を (12 全閉・全開) にしたときはもとより，(13 絞り・開き) すぎた状態で運転すると異常な (14　　　) になることがあるので，吐き出し側の管路にリリーフ弁などの (15　　　　) を用いる。

5) 容積式ポンプを油圧ポンプとして利用する場合には，揚液すなわち (16　　　　) の温度と，ポンプ本体の温度との差をなくすこと，吸込口における (17　　　　　) を防止するためには，吸込高さを (18　　) m 以下にすること，ポンプの駆動軸の (19　　　　) を規定値以上にしないようにすることなどが望ましい。

5 送風機・圧縮機と真空ポンプ （教科書 p. 80〜91）

1 送風機・圧縮機の分類

(1)　次の文は「送風機と圧縮機の分類」について述べたものである。その内容が正しいものには○を，誤っているものには×を（　）内に記入せよ。

(1　　)　送風機は，ファンともよばれる。

(2　　)　圧縮機は，ブロワともよばれる。

(3　　)　吐出し圧力が 100 kPa のコンプレッサは，ブロワともよばれる。

(4　　)　ターボファンには，軸流式や遠心式のものがある。

(5　　)　圧縮機やブロワには，遠心式に分類される多翼の羽根車を用いたものもある。

(6　　)　二葉ブロワは，容積形に分類される。

(7　　)　ブロワには，往復式のものもある。

(8　　)　送風機は，すべてターボ形である。

2 遠心送風機・圧縮機

(1)　次の文は「遠心送風機と圧縮機」について述べたものである。文中の（　）内に適切な語を記入せよ。

1)　遠心送風機の羽根は，その羽根の（1　　　）角度によって三つに分けられる。角度が最も大きい（2　　　）羽根はもっぱら送風機に用いられるが，その羽根が半径方向に向いている（3　　　）羽根や後方に反っている（4　　　）羽根は圧縮機にも用いられる。

2)　8 番のシロッコファンの羽根車の外径は，（5　　　）mm である。

3)　圧力上昇が 100 kPa 以上の遠心圧縮機の大半は，（6　　　）圧縮機である。

4)　圧力上昇が大きな多段ターボ圧縮機では，中間冷却器を設けて（7　　　）を小さくする。

(2)　次の文は「遠心送風機と圧縮機」について述べたものである。その内容が正しいものには○を，誤っているものには×を（　）内に記入せよ。

(1　　)　径向き羽根を用いた送風機をラジアル送風機，圧縮機をラジアル圧縮機という。

(2　　)　後向き羽根を用いた圧縮機を，遠心圧縮機という。

(3　　)　高圧・少風量に適している多翼送風機は，空調用の換気ファンなどに用いられている。

(4　　)　後向き送風機は，効率が高く，しかも風量に対する効率の変化が少ない。

(5　　)　ターボ圧縮機には，両吸込形渦巻きポンプのような両吸込形もある。

(6　　)　往復圧縮機に比べて効率が高く，脈動の少ないターボ圧縮機は，冷凍機の圧縮機としても利用されている。

3 軸流送風機・圧縮機

(1) 次の文は「軸流送風機と圧縮機」について述べたものである。その内容が正しいものには○を，誤っているものには×を（ ）内に記入せよ。

(1   ) いろいろな形式の送風機の中で，最も効率が高く，大きな風量が得られるのは軸流送風機である。

(2   ) 軸流圧縮機の外観は，円筒形である。

(3   ) 軸流送風機や圧縮機には，駆動軸やロータと一体になって回転する動翼と，ケーシングなどに固定された静翼をもっている。

(4   ) 軸流送風機と圧縮機のうち，軸流ポンプに似ているのは，単段軸流送風機である。

(5   ) 単段軸流圧縮機は，ジェットエンジンなどにも用いられている。

(6   ) 軸流ポンプは運転中に羽根の取付角を制御して吐出し量を変えたが，多段軸流圧縮機では，軸流ポンプのガイドベーンに相当する静翼の取付角を制御して吐出し圧力を変えたり，ロータの回転速度を制御して吐出し圧力を変えるものもある。

4 ターボ送風機の性能と運転

(1) 次の文は「ターボ送風機の性能と運転」について述べたものである。文中の（ ）内に適切な語を記入，あるいは（ ）内の適切な語を選択せよ。

1) 前向き羽根をもつ (1   ) 送風機では，気体の相対速度は斜め前方に向くので，気体の (2   ) が大きくなる。すなわち，(3 風速・風圧) が大きくなる。これに対して後向き羽根をもつ (4   ) 送風機では，気体の相対速度は斜め後方に向くので，羽根車が気体に与えるエネルギーの多くは (5   ) のエネルギーになる。

2) 遠心送風機の特性曲線の横軸と縦軸の項目は，(6   ) の特性曲線のそれに類似している。縦軸の (7   )[%]と (8   )[kW]は同じであるが，横軸については，(9   ) の場合の吐出し量[m³/min]に代えて，送風機では (10   )[m³/min]をとり，縦軸については，(11   )[m]に代えて (12   )[kPa]をとる。

3) 軸流送風機は，軸流ポンプと同様に，弁を (13 全開・全閉) にした状態で起動する。

4) 遠心送風機は，羽根車が規定の回転速度に達したあとで，弁を適当に (14 開いて・閉じて) 所定の風量にする。

5) 軸流送風機は，羽根車が規定の回転速度に達したあとで，弁を適当に (15 開いて・閉じて) 所定の風量にする。

6) 遠心送風機の特性曲線に注目すると，(16   ) 送風機は，効率が最大値を示す付近の風量のあたりに (17   ) の山があり，それより左側には谷と山が連なっているので，(18   ) 領域がかなり広いことがわかる。

7) 遠心送風機のうち，風量の調節範囲が最も広いのは，(19   ) 送風機である。

5 容積形回転圧縮機

(1) 次の文は「容積形回転圧縮機」について述べたものである。文中の（ ）内に適切な語句や数値を記入せよ。

1) 容積形回転圧縮機のうち，二葉ブロワや（1 ）は歯車ポンプと，スクリュー圧縮機は（2 ）ポンプと，（3 ）はベーンポンプと類似の構造と作動原理をもっている。

2) 大気圧が 1 000 hPa のときに，スクリュー圧縮機の出口に取りつけたブルドン管圧力計が 560 kPa を指示していた。このとき入口の圧力は大気圧であるから（4 ）kPa となり，圧力比は次のように求める。

$$圧力比 = \frac{(5 \qquad)[kPa]}{(6 \qquad)[kPa]}$$

$$= \frac{(7 \quad) + (8 \quad)}{(9 \quad)} = (10 \quad)$$

<u>答：圧力比 = (10 ）</u>

3) 二葉ブロワやスクリュー圧縮機では，対になっているロータを接触させずに回転させるために，これらを（11 ）を介して駆動する。

(2) 次の文は「容積形回転圧縮機」について述べたものである。その内容が正しいものには○を，誤っているものには×を（ ）内に記入せよ。

(1 ） 容積形回転圧縮機は，風量のわりに，圧縮比が高い場合に用いられる。

(2 ） ベーン圧縮機のベーンは，ロータと共に回転しつつ，ロータの中で往復運動をする。

(3 ） 無給油式ベーン圧縮機は，清浄な空気を必要とする食品工業などで利用されている。

(4 ） より高い圧力を得るためには，ケーシングとロータの間に潤滑油で油膜を形成させた油注入式二葉ブロワが用いられる。

(5 ） 無給油式のスクリュー圧縮機は，化学工業などのガスの圧縮に適している。

(6 ） より高い吐出し圧力が要求される場合には，ベーン圧縮機よりも，スクリュー圧縮機が適している。

6 容積形往復圧縮機

(1) 下の2段式往復圧縮機の各部の名称を答えよ。

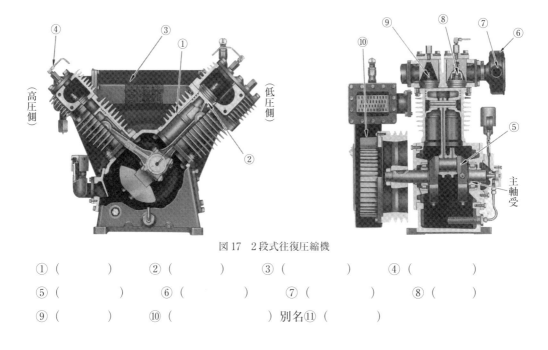

図17 2段式往復圧縮機

① (   )   ② (   )   ③ (   )   ④ (   )

⑤ (   )   ⑥ (   )   ⑦ (   )   ⑧ (   )

⑨ (   )   ⑩ (   ) 別名⑪ (   )

(2) 次の文は「容積形往復圧縮機」について述べたものである。文中の（ ）内に適切な語を記入，あるいは（ ）内の適切な語や数値を選択せよ。

1) 往復圧縮機は，工場の（1   ）として広く用いられるが，吐出し圧力が350 MPaを越える超高圧圧縮機はおもに（2   ）として用いられる。

2) 吸込圧力が大気圧すなわち100 kPaで，吐出し圧力が350 Mpaならば，圧力比は約（3 3.5・35・350・3500 ）である。

3) 中間冷却器をもつ2段式往復圧縮機では，空気吸込口から（4   ）（5   ）を経て（6   ）に吸い込まれた空気は，ここで（7   ）によって（8 膨張・圧縮 ）されて高圧になり，（9   ）を経て（10   ）に入る。ここで冷却された空気は，圧力が少し（11 高く・低く ）なるので，軸動力を（12 増加・減少 ）させる作用がある。この空気は，さらに高圧側の（13   ）を経て（14   ）に吸い込まれ，（15   ）で圧縮されてさらに高圧になったあと，（16   ）を経て工場などに送り出される。

7 容積形回転圧縮機の性能と運転

(1) 次の文は「容積形回転圧縮機の性能と運転」について述べたものである。文中の（ ）内に適切な語を記入，あるいは（ ）内の適切な語を選択せよ。

1) ケーシングと一対のまゆ形のロータで構成される（1　　　　　）は，潤滑油を用いずに密閉空間を形成するために，これらの間の（2　　　　　）は極めて小さい。そのため，（3　吸込み・吐出し）側で風量を絞り過ぎると，機内の空気の温度が上昇してロータを（4　膨張・収縮）させ，軸動力を（5　増大・減少）させる。

2) 食品工業や化学工業などの各種のガスの圧縮に用いる（6　無給油・油注入）式スクリュー圧縮機は，（7　　　　　）によって風量を調整する。しかし，より高い圧力が得られる可変速度形の（8　無給油・油注入）式スクリュー圧縮機では，（9　最大・最小）風量から中間風量までの間は，（10　　　　　）の回転速度を変えて風流を調整する。

3) （11　　　　　）をもつ圧縮機では，風量を変化させても，圧力比の変化が少ない。

4) 二葉ブロワ，スクリュー圧縮機，（12　　　　　）などの（13　　　　　）圧縮機は，一定流量特性をもち，（14　　　　　）が生じないので，要求風量の変動が（15　大きい・小さい）場合に適している。

8　真空の利用と真空ポンプの分類・利用

(1) 次の文は「真空の利用と真空ポンプの分類・利用」について述べたものである。文中の（　）内に適切な語を記入，あるいは（　）内の適切な語を選択せよ。

1) 容器内の気体を大気中に排出し，容器内の圧力を大気圧より低くするために用いる流体機械を（1　　　　　）といい，これには吸い込んだ気体を圧縮して連続的に排出する（2　　　　　）ポンプと，吸い込んだ気体をいったんポンプ内にため込んだのち，ポンプから断続的に排出する（3　　　　　）ポンプがある。これらのポンプは，軸流ポンプ，（4　　　）ポンプ，大形の（5　　　）ポンプなどの（6　　　　），チタンのように非常に活性な金属の（7　　　　　），ろ過機の（8　　　）などのさいに利用されている。

2) （9　　　　）ポンプの到達圧力は，二葉ブロワと同様の構造をもつ（10　　　）ポンプにわずかに及ばないが，排気量や経済性などから最も多く利用されている。

3) 最近では，油汚染のない清浄な高真空を得る目的で，気体輸送式ポンプに分類される（11　　　　　）ポンプや（12　　　）ポンプなどが，多く利用されるようになった。

4) ゲッタポンプやクライオポンプなどの（13　　　　　）式ポンプは，より高いレベルの真空が要求される場合に用いられる。

5) 1000 Pa 程度の真空は，（14　　　　）ポンプや（15　　　　）ポンプが適しているが，30 Pa 程度の真空を得るためには，これらのポンプに加えて（16　　　　　）ポンプも適している。

6) 気体輸送式ポンプを直列につないで，容器内の圧力を 0.0001 Pa にするためには，はじめに，容器に接続した（17　　　）ポンプや（18　　　）ポンプを運転して圧力を下げ，その圧力が 10 Pa 以下まで下がったら，これに通じる弁を閉じて，とりあえず容器内を（19　低・中・高・超高）真空にする。そのあとで，この容器に接続してある（20　　　）ポンプや（21　　　）ポンプなどを運転して所定の（22　低・中・高・超高）真空にする。

6 水車 (教科書 p. 92〜99)

1 水車の利用と選定

(1) 次の文は「水車の利用と選定」について述べたものである。文中の（ ）内に適切な語を記入せよ。

1) 水車は，高い所にある水のもつ（1　　　）エネルギーを，機械仕事に変換する（2　　　）である。

2) 水車は，小出力のものはもとより，2000 MW を越えるような大出力のものでも，短時間に（3　　　）や停止ができるうえ，その（4　　　）の調節も容易にできる特徴があり，効率が（5　　　）％に達するものもある。

3) こんにちの水車のおもな用途は，（6　　　）の駆動である。

4) 取水口と放水口の水面の高さの差を（7　　　）[m]といい，この値から流れのエネルギー損失による損失ヘッド[m]を差し引いた値を（8　　　）[m]という。

5) 水車の選定は，（9　　　）[m]，（10　　　）[m³/s]，（11　　　）[MW]，（12　　　）[%]などを考慮して行い，山間地などで（13　　　）が大きく，（14　　　）が少ない場所にはペルトン水車が，大きなダムがあり大流量を確保できるが落差は小さい場所には（15　　　）水車が適している。

(2) 次の文は，有効落差が 800 m，流量が 40 m³/s，効率が 92 % の水車で，効率が 94 % の発電機を駆動したときの発電機出力を求めたものである。文中の（ ）内に適切な語や数値を記入せよ。

1) 水の密度 1 000 kg/m³，重力の加速度 9.81 m²/s などの数値を次の式に入れて，水車入力 P_h[MW]を求める。

$$P_h = \rho g Q H \times 10^{-6}$$
$$= (1\quad) \times (2\quad) \times (3\quad) \times (4\quad) \times 10^{-6} = 314 \text{ MW}$$

2 ペルトン水車

(1) 次の文は「ペルトン水車」について述べたものである。文中の（ ）内に適切な語や数字を記入，あるいは（ ）内の適切な語を選択せよ。

1) ペルトン水車は，アメリカのペルトンが（1　　　）年に発明した（2 衝動・反動）水車で，運動エネルギーに変えた流水で（3　　　）を回転させる。

2) この水車は，（4　　　）が変化しても効率のよい運転ができる特徴があり，適用落差は（5　　　）と極めて広い。

3) ペルトン水車では，（6　　　）でジェットをつくり，その噴射量の調節は（7　　　）の出し入れで行う。また，起動や停止の際には（8　　　）を作用させて，噴流の向きを変える。

3 フランシス水車

(1) 下に示すフランシス水車の各部の名称を答えよ。

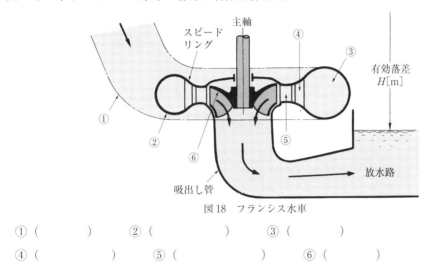

図18 フランシス水車

① (　　　)　　② (　　　　)　　③ (　　　)

④ (　　　　)　　⑤ (　　　　)　　⑥ (　　　)

(2) 次の文は「フランシス水車」について述べたものである。その内容が正しいものには○を，誤っているものには×を（　）内に記入せよ。

(1　　) フランシス水車は，全世界で最も多く設置されている。

(2　　) フランシス水車は，水車の中で最も高い効率を示し，しかもその変動が小さい。

(3　　) 渦形室を流れる水がもつエネルギーの大部分は，位置エネルギーから変換した圧力のエネルギーと運動のエネルギーである。

(4　　) ディフューザポンプとフランシス水車のケーシングの形状は酷似しているが，ポンプの吸込口に相当する箇所は吸出し管に接続され，吐出し口に相当する箇所は水圧管に接続されるので，水の流れる向きはまったく逆になる。

(5　　) フランシス水車のランナとディフューザポンプのインペラの形は，酷似しており，その働きも同一である。

(6　　) ステーベーンとガイドベーンは，ランナへの流入量を調整するために，角度が変えられる構造になっている。

4 プロペラ水車

(1) 次の文は「プロペラ水車」について述べたものである。文中の（ ）内に適切な語を記入，あるいは（ ）内の適切な語を選択せよ。

1) プロペラ形のランナベーンをもつ水車を総称して（1　　　　　）水車といい，この水車ではランナを通過する水が軸方向に流れるので（2　　　）水車ともよばれ，その設置のしかたや形状は縦軸（3　　　）ポンプによく似ている。

2) ランナベーンを可動式にした水車は，発明者の名から（4　　　　　）水車ともいい，流量変化に対する効率の変動が（5　大きい・少ない）。

3) これらの水車のランナへの流量は，（6　　　　　）の角度を変えて調節するが，カプラン水車では，流量変化に応じて（7　　　　　）の角度も変化させるので，（8　　　）の変動が少ない。

4) 低落差・大流量の場所に用いる（9　　　　　）水車は，ランナと同軸にした発電機を，水車の内部に納めたものである。

5) （10　ペルトン・フランシス）水車やプロペラ水車のランナから出た流水には，まだ（11　　　）のエネルギーが残っている。そこで，ケーシングの（12　入口・出口）に垂直に取りつけた吸出し管とよばれる（13　先細・末広がり）の管の中を，水が充満した状態で流れれば，管内の水の速度は徐々に（14　増加・減少）するので，このエネルギーは有効に利用される。また，ランナの（15　入口部・出口部）と吸出し管の（16　入口部・出口部）との間には（17　低圧部・高圧部）が生まれるので，ランナの入口部と出口部の圧力差が増大する。

5 ポンプ水車

(1) 次の文は「ポンプ水車」について述べたものである。文中の（ ）内に適切な語を記入，あるいは（ ）の適切な語を選択せよ。

1) （1　　　　　）形ポンプ水車や（2　　　　　）形ポンプ水車は，ランナの回転方向を変えることで，水車としても，ポンプとしても運転できる（3　衝動・反動）水車で，おもに（4　　　）発電所で用いられる。

2) ポンプ水車は，電力消費量の少ない（5　昼間・夜間）に受電して，発電機を兼ねた電動機で駆動されて揚水する。

3) ポンプ水車は，いつでも（6　ポンプ・水車）として機能させることができるようにするために，下部貯水池の水面より低い位置に設置し，ランナベーンは（7　ポンプ・水車）機能を優先した形状につくる。

4) ポンプ水車は，起動・停止などが容易なので，出力調整に不向きな大形の（8　　　）発電所や（9　　　）発電所などの運転の平準化に寄与している。

7 油圧装置と空気圧装置 （教科書 p. 100〜114）

1 油圧装置と空気圧装置

(1) 次の文は「油圧装置と空気圧装置」について述べたものである。文中の（ ）内に適切な語を記入，あるいは（ ）内の適切な語を選択せよ。

1) 油圧装置は（1　　　）を，空気圧装置はごみを取り除いた（2　　　）中の空気を，それぞれ作動流体として利用して，シリンダやモータなどの（3　　　　　）を作動させている。作動流体には，油圧（4　ポンプ・モータ）や空気（5　送風機・圧縮機）でエネルギーを与え，シリンダを動かす力や速度は，（6　　　）制御弁や（7　　　）制御弁で制御する。

2) 空気圧調整ユニットを通過した空気は，（8　減圧・増圧）して所定の圧力にした，空気圧機器の（9　　　）に必要な油を含む（10　　　）な空気である。

(2) 次の文は「油圧装置と空気圧装置」について述べたものである。その内容が正しいものには○を，誤っているものには×を（ ）内に記入せよ。

(1　　) 油圧装置は，空気圧装置に比べて，応答が早く，力も大きい。

(2　　) 空気圧装置は，正確な速度制御がむずかしい。

(3　　) 空気圧装置のアクチュエータは，気温が変化すると速度制御が著しく不安定になる。

(4　　) 作動油に気泡が混入すると，油圧装置は作動不良を起こす。

(5　　) 油圧装置や空気圧装置の作動流体の温度の上昇は，アフタクーラや冷却器を用いて防ぐ。

(6　　) 油圧モータなどから排出された作動油は，いろいろな油圧機器を経由したのち，その全量が油タンクに戻る。

(7　　) 空気圧シリンダから排出された作動流体は，最終的には大気中に放出するので，空気圧装置では戻り管は不要である。

(8　　) 油圧装置に用いる管は，作動流体の圧力が変化しても，その流路の断面積には変化が生じないものが望ましい。

2 作動油

(1) 次の文は「作動油」について述べたものである。文中の（ ）内に適切な語を記入せよ。

1) 作動油は，油圧装置の中で圧力や流速が変化し，また（1　　　）の変化も大きい。そこで，（2　　　）を確実に（3　　　）に伝達するために，しゅう動部分に対して良好な（4　　　　）や，シール部分からの油漏れを起こさない程度の（5　　　）をもち，装置が置かれた高温環境でも燃えにくいあるいは燃えない性質すなわち（6　　　）や（7　　　）があり，しかも長時間使用しても（8　　　）性質や（9　　　）性質が安定しているものが望ましい。

2)　高精度制御装置や（10　　　　）には化学的に合成された合成系作動油を，ダイカストマシンなどの高温環境で用いる装置には水 – グリコール系の（11　　　）系作動油を，鉱山機械には安価な（12　　　）系の水成系作動油を用いるが，通常は（13　　　）防止剤・（14　　　）止め剤・（15　　　）剤などを添加した（16　　　）系作動油を用いる。

3 アクチュエータ

(1)　下に示す片ロッド形複動シリンダ各部の名称を答えよ。

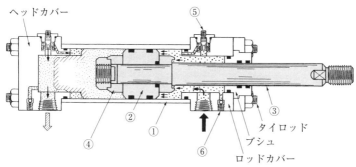

図19　片ロッド形複動シリンダ

①（　　　　　　　　）　②（　　　　　　　）　③（　　　　　　）

④（　　　　　　　　）　⑤（　　　　　　　）　⑥（　　　　　　　）

(2)　次の文は「アクチュエータ」について述べたものである。その内容が正しいものには○を，誤っているものには×を（　）内に記入せよ。

(1　　)　連続回転形アクチュエータには，油圧モータや空気圧モータなどがある。

(2　　)　単動シリンダには作動流体の流出口は設けない。

(3　　)　片ロッド形複動シリンダに供給する作動油の流量や圧力が同じならば，ピストンの移動速度や推力は，移動方向にかかわらず一定である。

(4　　)　シリンダのクッション調整弁には，行程端におけるピストンの動作を遅くする働きがある。

(5　　)　ベーンに遠心力が働くベーンポンプでは，これによってベーンの先端がカムリングに押しつけられるので，液体の漏れを防止できる。しかし，これに似た構造をもつベーンモータでは，ピンとクリップでベーンを押して，作動油の漏れを防ぐ。

(3) 次の文は，図 19 に示した片ロッド形複動シリンダのロッドが左方向に移動するときの推力と移動速度を求めたものである。文中の（ ）内に適切な語や数値を記入せよ。

1) シリンダの内径が 50 mm，ロッドの外径が 28 mm，シリンダに流入する油圧が 7 MPa，背圧が 20 kPa とすると，次の式に $D =$ (1   )m, $d =$ (2   )m, $p_1 =$ (3   )Pa, $p_2 =$ (4   )Pa などの数値を入れて，推力 F_L[kN]を求めることができる。

$$F_L = \frac{\pi}{4}(D^2 - d^2)p_1 - \frac{\pi}{4}D^2 p_2$$

$$= \frac{\pi}{4}((5\quad)^2 - (6\quad)^2) \times (7\quad)$$

$$- \frac{\pi}{4}(8\quad)^2 \times (9\quad)$$

$$= (10\quad)\text{N} = (11\quad)\text{kN}$$

答：推力 $F_L =$ (11   )kN

2) また，シリンダに流入する油量を 21 L/min とすると，次の式に $D =$ (12   )mm, $d =$ (13   )mm, $Q =$ (14   )L/min = (15   )mm³/s などの数値を入れて，ロッドの移動速度 v[mm/s]を求めることができる。

$$v = \frac{Q}{\frac{\pi}{4}(D^2 - d^2)} = \frac{(16\quad)}{\frac{\pi}{4}((17\quad)^2 - (18\quad)^2)} = (19\quad)\text{mm/s}$$

答：移動速度 $v =$ (19   )mm/s

4 油圧制御弁

(1) 次の文は「油圧制御弁」について述べたものである。文中の（ ）内に適切な語を記入，あるいは（ ）内の適切な数値を選択せよ。

1) 油圧回路の最高圧力を制限して，油圧機器や管路の（1   ）を防ぐために用いるのは（2   ）である。そして，（3   ）における力の大きさを制御するために用いるのは（4   ），分岐した回路の圧力を主回路の圧力より低くするために用いるのは（5   ）である。

2) アクチュエータの速度を制御するためには，（6   ）や圧力補償機能をもつ（7   ）などの（8   ）を用いる。

3) 流れの方向を限定して，逆方向への流れを防止する（9   ）や，二つ以上の流路を切り換える切換弁を総称して（10   ）といい，回路の圧力が高い場合の流路の切り換えには（11   ）を用いる。

4) 弁と管路の接続口は，圧力制御弁，流量制御弁，および（12   ）などでは入口と出口がそれぞれ一つずつであるが，4 ポート 3 位置切換弁には（13 2・3・4 ）つの接続口がある。

5 その他の機器

(1) 次の文は「その他の油圧機器」について述べたものである。文中の（　）内に適切な語を記入，あるいは（　）内の適切な語を選択せよ。

1) 油圧装置には必要な量の作動油を貯蔵する（1　　　　）や高温になった作動油を冷やす（2　　　　）などの装置が，空気圧装置には空気を乾燥させる（3　　　　　）や回路中の空気圧装置に潤滑油を送る（4　　　　）などの装置が用いられる。

2) 油圧装置のおもな故障原因は，（5　　　）中のごみや，部品の摩耗による（6　　　　），摩耗ゴムくずなどの（7　　　　）への混入なので，これらは油タンクの内部に設けた（8　　　）で除去し，清浄な作動油だけを（9　　　）に吸い込ませるようにする。

3) 油タンクには大気中に開放する（10　　）口と（11　　）口を兼ねた（12　　　　）を設置する。

4) ダイカスト機の鋳型の型締めや湯の鋳込みには（13　油圧シリンダ・空気圧シリンダ　）を用いるが，特に極めて短時間で行う鋳込みについては，大量の作動流体が短時間に必要になるので，回路中に（14　アキュムレータ・空気タンク　）を配置する。この機器は，（15　作動油・空気　）によって圧縮されたガスの働きを利用して圧力源の働きをもたせたもので，このほかに衝撃的な（16　　　）を吸収する働きや（17　　　）の影響を除くなどの働きもある。

豆知識

制動倍力装置（ブレーキブースター）

　以前の自転車はそれなりの力で操作してブレーキをかけた覚えがあります。でも，今の自転車は軽く握っただけで止まります。何かが違うんですね。でも自動車は，以前から軽く踏むだけで止まりましたね。そう，リーディングブレーキというやつです。自転車のバンドブレーキと同じ原理です。でも，あれは後退には弱いんですよ。自転車も自動車も相変わらずこの原理を活用して，力を大きくしています。でも仕事の大きさは変わらないので，その分ブレーキレバーやペダルを大きく操作する必要があります。ブレーキブースターはちょっと違います。

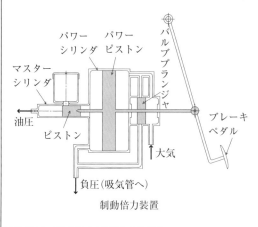

制動倍力装置

　図を見てください。ペダルを踏み込むとマスターシリンダ内のピストンが前進してブレーキが働くのですが，このときパワーピストンもこのピストンを前進させるのです。パワーピストンは，大気圧とガソリン機関の吸気管で発生している負圧との差圧で前方に引かれ，その程度はペダルに連動したバルブプランジャでコントロールします。このブースターは，ディスクブレーキに不可欠ですね。

6 油圧回路図

(1) 下の図は，型締めと鋳込みに油圧シリンダを利用したダイカスト機の油圧回路例である。図中の①～⑨に該当する機器の名称を答えよ。

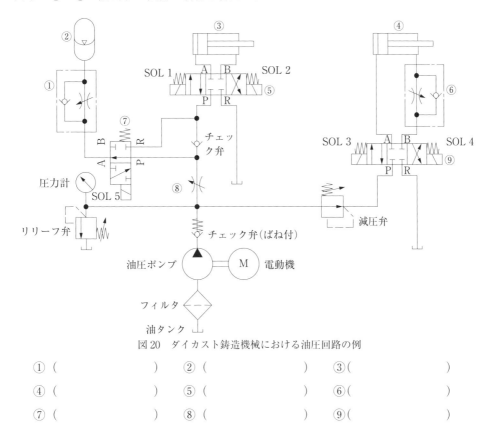

図20 ダイカスト鋳造機械における油圧回路の例

① (	)	② (	)	③ (	)
④ (	)	⑤ (	)	⑥ (	)
⑦ (	)	⑧ (	)	⑨ (	)

(2) 次の文は上に示した「ダイカスト機の油圧回路例」について述べたものである。その内容が正しいものには○を，誤っているものには×を（ ）内に記入せよ。

(1) 型締めに用いるシリンダ④のピストンは，主回路より少し高い圧力で作動する。

(2) 鋳込みに用いるシリンダ③のピストンは，ポンプの吐出し量から算出される速度よりも高速で前進する。

(3) 型締めに用いるシリンダ④の速度制御は，前進のみメータアウト制御である。

(4) 鋳込みに用いるシリンダ③の速度制御は，速度制御しない。

(5) 油圧機器⑧の直上に配置したチェック弁は，何らかの事故やトラブルによるポンプへの油の逆流を防ぐ働きがある。

(6) 4ポート3位置切換弁などの切換弁とアクチュエータの間に流量制御弁を設けた場合には，前進・後退のどちらも速度制御することができる。

第3章　内燃機関

1　内燃機関のあらまし　（教科書 p. 116〜117）

(1)　次の文は「内燃機関の分類と利用」について述べたものである。文中の（　）内に適切な語を記入，あるいは（　）内の適切な語を選択せよ。

1)　内燃機関は，機関内の（1　　　　　）で燃料を燃焼させて（2　　　　　）のガスをつくり，このガスを（3　　　　　）させて熱エネルギーを機械的仕事に変換する装置である。

2)　ガソリンエンジンなどの（4　　　　　）形の内燃機関では，燃料を燃焼室内で（5　連続・間欠　）燃焼させる。

3)　間欠燃焼の内燃機関には，（6　　　　　）内を（7　　　　　）が往復運動するレシプロエンジンと，（8　　　　　）とよばれる回転体に（9　　　　　）と同様の働きをさせるロータリエンジンがあるが，こんにちではその英名（10　　　　　）internal combustion engine を略した形でよばれるレシプロエンジンが主流である。

4)　レシプロエンジンのうち，（11　　　　　）エンジンは引火（12　しやすい・しにくい　）ガソリンを，（13　　　　　）エンジンは引火（14　しやすい・しにくい　）（15　　　　　）（LPG）や（16　　　　　）（CNG）などのガスを燃料とする（17　　　　　）点火方式であり，（18　　　　　）エンジンは安価で引火（19　しやすい・しにくい　）軽油や（20　　　　　）を燃料とする（21　　　　　）点火方式である。

5)　ガスタービンなどの（22　　　　　）の内燃機関では，圧縮した空気を（23　　　　　）に導き，そこに燃料を噴射して（24　連続・間欠　）燃焼させ，その高温高圧の燃焼ガスで（25　　　　　）を回転させて軸動力を取り出す。この機関は，天然ガスや製鉄所で発生する（26　　　　　）などのガス，（27　　　　　）や軽油などの石油系液体燃料など，いろいろな燃料で運転できる。

6)　連続燃焼の内燃機関には，ガスタービンと同様に燃料を燃焼させ，その一部を軸動力として内部で消費するが，大部分は高温高圧の噴流として外部に放出し，その噴流によって推進力を得る（28　　　　　）や，別に用意した（29　　　　　）で燃料を燃焼させ，その噴流によって推進力を得る（30　　　　　）がある。

豆知識

ロータリエンジン

　ロータリエンジンのアイディアの発端は，16世紀の回転ピストン構造の揚水ポンプに遡るといわれています。1967年に実用化されたエンジンは，ロータが1回転する間に3回膨張して出力軸が3回転するのでトルクの変動が小さく，小形軽量で大出力を得ることができるなどの特徴があり，スポーツカーなどに搭載されました。ル・マン24時間耐久レースでの優勝は立派ですね。

2 熱機関の基礎 （教科書 p. 118～136）

1 温度と熱量

(1) 次の文は「温度と熱量」について述べたものである。文中の（　）内に適切な語を記入せよ。

1) セルシウス温度は，標準大気圧すなわち（1　　　　）kPa のもとで，（2　　　　）からつくられた氷の溶解する温度を 0℃ と定め，（3　　　　）の沸騰する温度を 100 度とし，1℃ はこの間を 100 等分した値である。

2) （4　　　　）で熱エネルギーと機械的仕事の関係を考えるときには，（5　　　　）を用いる。この温度の基準は，水の（6　　　）点すなわち（7　　　）℃ を（8　　　）K と定め，その 1/273.16 を 1 K としている。したがって，0℃ は（9　　　）K であり，20℃ は（10　　　）K である。つまり，セルシウス温度[℃]を絶対温度[K]に換算するには，セルシウス温度の値に（11　　　）を加えればよい。

3) 1 kg の物質の温度を 1（12　　　）だけ上昇させるのに必要な熱量[J]を，その物質の比熱といい，その単位には（13　　　）を用いる。

(2) 次の文は，ガソリンエンジンに設けたラジエータとよばれる熱交換器からの放熱量について述べたものである。文中の（　）内に適切な語や数値を記入せよ。

1) エンジンが始動してしばらくしたら，比熱 $c_W = 4.183$ kJ/(kg・K)
$= (1\qquad)$ J/(kg・K) の水 12 L，すなわち $v_W = (2\qquad)$ m^3 の冷却水の温度が 18℃ から 86℃ に上昇した。密度 $\rho_W = 1\,000$ kg/m^3 の水の質量は $m_W = \rho_W \cdot v_W = 1\,000 \times (2\qquad)$ $= 12$ kg である。また，水温は $T_{W1} = (3\qquad) = 291.15$ K，$T_{W2} = (4\qquad)$ $= 359.15$ K なので，冷却水に加わった熱量 Q[MJ]は，次の式にこれらの値を入れて求める。

$$Q = m_W \cdot c_W (T_{W2} - T_{W1})$$
$$= (5\quad) \times (6\qquad) \times ((7\quad) - (8\quad))$$
$$= (9\qquad) \text{J} = 3.41 \text{ MJ} \qquad\qquad\qquad \text{答：熱量 } Q = 3.41 \text{ MJ}$$

2) 冷却水が受けたこの熱量を，ラジエータで大気中に放出したら，気温が 24℃ から 28℃ に上昇した。いま，空気の密度を $\rho_A = 1.293$ kg/m^3，比熱（定圧比熱）を $c_A = 1.005$ kJ/(kg・K) $= (10\qquad)$ J/(kg・K)，気温 $T_{A1} = (11\qquad) = 297.15$ K，$T_{A2} = (12\qquad) = 301.15$ K とすると，必要な空気の量 V[m^3]は，次の式にこれらの値を入れて求める。

$$V = \frac{Q}{\rho_A \cdot c_A (T_{A2} - T_{A1})} = \frac{(9\qquad)}{1.293 \times 1.005 \times 10^3 \times (301.15 - 297.15)}$$
$$= 656 \text{ m}^3 \qquad\qquad\qquad\qquad \text{答：空気の量 } V = 656 \text{ m}^3$$

2 熱エネルギーと仕事

(1) 次の文は「熱エネルギーと仕事」について述べたものである。その内容が正しいものには○を，誤っているものには×を（　　）内に記入せよ。

(1　　) 熱エネルギーと仕事は，どちらもエネルギーの一つの形であって，仕事を熱エネルギーに変えることも，熱エネルギーを仕事に変えることも可能である。

(2　　) 熱機関に供給した熱エネルギーの大きさと，熱機関が外部になした仕事の大きさは等しい。

(3　　) 熱機関が外部に仕事をするためには，それに相当するだけの熱エネルギーを外部から熱機関に供給する必要がある。

(4　　) 物体に熱エネルギーを与えたとき，その物体は静止したままで，しかもその大きさも変わらなかったとすると，加えた熱エネルギーは，すべて物体に内部エネルギーとしてたくわえられたことになる。

(5　　) 走行後の自転車のタイヤをさわったら，熱くなっていて，しかも空気圧も高くなっていた。これはタイヤや，タイヤ内の空気の内部エネルギーが増加した証拠である。

(6　　) 気体が仕事をするためには，その気体の圧力の変化は不可欠である。

(2) シリンダ内の気体が 70 kJ の熱エネルギーを吸収したのち，ゆっくり膨張し，この間に内部エネルギーが 6 kJ 減少した。次の文中の（　　）内に適切な数値を記入して，この気体がなした仕事の大きさを求めよ。

外部から気体に加えた熱量は $Q = $ (1　　) kJ で，減少した気体の内部エネルギーは $U_1 - U_2 = $ (2　　) kJ，すなわち $U_2 - U_1 = $ (3　　) kJ なので，気体がなした仕事 W[kJ]は，次の式にこれらの値を入れて求める。

$$W = Q - (U_2 - U_1) = (4 \qquad) - (5 \qquad) = (6 \qquad) \text{kJ}$$

<u>答：仕事 $W = $ (6　　) kJ</u>

(3) 圧力 600 kPa のガスが，内筒の直径が 10 m の定圧ガスホルダにたくわえられていたが，ガスの量の増加にともなって，内筒が 1.2 m 上昇した。次の文中の（　　）内に適切な数値を記入して，この増加したガスがなした仕事の大きさ W[MJ]を求めよ。

次の式に，ガスの圧力 $p = 600$ kPa $= $ (1　　) Pa などを入れて求める。

$$W = pAl = p\frac{\pi}{4}d^2 l$$

$$= (2 \qquad) \times \frac{\pi}{4} \times 10^2 \times 1.2 = (3 \qquad) \text{J} = (4 \qquad) \text{MJ}$$

<u>答：仕事 $W = $ (4　　) MJ</u>

3 理想気体の状態変化

(1) 次の文は「理想気体の状態変化」について述べたものである。文中の（　　　）内に適切な語を記入せよ。

1) 理想気体は，$(^1$　　　　　　　　　　　）の法則に完全に従う。

2) 気体が $(^2$　　　）変化する場合には，外部から熱エネルギーを供給しても，気体はいっさい仕事をしないので，$(^3$　　　　　　　）が増加し，気体の圧力と $(^4$　　　）が上昇する。

3) 気体が $(^5$　　　）変化する場合には，外部から供給した熱エネルギーは，すべて仕事に変換される。

4) 気体が $(^6$　　　）変化する場合には，外部から供給した熱エネルギーの一部は仕事になり，残りは内部エネルギーになる。つまり，気体の $(^7$　　　）が上昇する。

5) $(^8$　　　）変化をする気体は，外部から熱エネルギーを供給しなくても仕事をすることができるが，それに相当する分だけ，気体の $(^9$　　　　　　）が減少する。

6) 気体がもっているエネルギーの総和を $(^{10}$　　　　　）という。

(2) 次の文は「理想気体の状態変化」について述べたものである。その内容が正しいものには○を，誤っているものには×を（　）内に記入せよ。

(^{1}　　　） ボイルの法則に従う気体は，気体のセルシウス温度が変わらないようにして，比体積を小さくすると，それに反比例して圧力は大きくなる。

(^{2}　　　） シャルルの法則に従う気体は，気体の圧力が変わらないようにして，比体積を小さくしてやると，それに比例して絶対温度も低くなる。

(^{3}　　　） ボイル・シャルルの法則に従う気体では，圧力と比体積の積は絶対温度に比例する。

(^{4}　　　） 一般に，定圧比熱の値は，定容比熱より大きい。

(^{5}　　　） 定圧比熱を定容比熱で割った値を比熱比という。

(^{6}　　　） 理想気体の気体定数は，比熱比に等しい。

(^{7}　　　） 同じ体積・圧力の気体では，より温度が高いほうがエンタルピーが大きい。

(^{8}　　　） 体積を変化させないようにして，気体の圧力を上げると，気体の絶対温度はそれに比例して高くなる。すなわち，圧力が2倍になれば，絶対温度も2倍になる。

(^{9}　　　） 圧力を変化させないようにして，気体の絶対温度を高くすると，体積はそれに比例して大きくなる。すなわち，絶対温度が2倍になれば，体積も2倍になる。

(^{10}　　　） 温度を変化させないようにして，気体の圧力を上げると，体積はそれに反比例して小さくなる。すなわち，圧力が2倍になれば，体積は $\frac{1}{2}$ になる。

(^{11}　　　） 気体の断熱指数を κ とし，熱の出入りがまったくないようにして，気体の圧力を上げると，体積はその κ 乗に反比例して小さくなる。

(12)　気体の断熱指数を κ とし，熱の出入りがまったくないようにして，気体の絶対温度を上げると，体積はそれに比例して大きくなる。

(13)　気体の断熱指数を κ とし，熱の出入りがまったくないようにして，気体の絶対温度を上げると，圧力はそれに比例して大きくなる。

(14)　エンタルピーが大きい気体は，内部エネルギーも大きい。

(15)　往復圧縮機を用いて空気を圧縮する場合，ピストンの移動速度を速くすると，シリンダ内での空気の状態変化は，定圧変化に近い変化になる。

(3)　容積 150 L のボンベに，酸素が圧力 14.7 MPa，温度 26.85℃で充てんしてある。次の文中の（　）内に適切な数値を記入して，酸素の質量を求めよ。

　　　酸素の体積は 150 L = (1　　　　　)m³，圧力は 14.7 MPa = (2　　　　　)Pa，温度は 26.85℃ = (3　　　)K，気体定数は (4　　　　　　) なので，酸素の質量 m[kg]は，次の式にこれらの値を入れて求める。

$$m = \frac{pV}{RT}$$

$$= \frac{(5\qquad) \times (6\qquad)}{(7\qquad) \times (8\qquad)} = (9\qquad)\text{kg}$$

答：酸素の質量 m = (9　　　　)kg

(4)　容積が一定のボンベに充てんした質量 15 kg，圧力 8 MPa，温度 20℃，定容比熱 0.654 kJ/(kg・K) のガスが，工場内の温度上昇にともなって 32℃に上昇した。次の文中の（　）内に適切な語や数値を記入して，ガスが受けた熱量と温度上昇後のガスの圧力を求めよ。

1)　問題文から，ガスは (1　　　) 変化をしたと考えられる。

2)　質量 15 kg，定容比熱 0.654 kJ/(kg・K) = (2　　　)J/(kg・K)，温度 20℃ = (3　　　)K，32℃ = (4　　　)K なので，これらの値を次の式に入れて，ガスが受けた熱量 Q[kJ]を求める。

$$Q = U_2 - U_1 = mc_v(T_2 - T_1)$$

$$= 15 \times (5\qquad) \times ((6\qquad) - (7\qquad))$$

$$= (8\qquad)\text{J} = (9\qquad)\text{kJ}$$

答：ガスが受けた熱量 Q = (9　　　　)kJ

3)　圧力は 8 MPa，温度 20℃ = (10　　　)K，32℃ = (11　　　)K なので，温度上昇後のガスの圧力 p_2[MPa]は，次の式にこれらの値を入れて求める。

$$p_2 = \frac{T_2}{T_1}p_1 = \frac{(12\qquad)}{(13\qquad)} \times (14\qquad) = (15\qquad)\text{MPa}$$

答：ヘリウムガスの圧力 p_2 = (15　　　　)MPa

(5) 気体定数が 242 J/(kg・K) で，定圧比熱が 0.895 kJ/(kg・K) のガスが，内筒の直径が 10 m の定圧ガスホルダに，圧力 600 kPa で，400 m³ たくわえられている。大気の温度上昇にともなって，ガスの温度が 18℃ から 36℃ に上昇し，これにともなって内筒は静かに上昇した。次の文中の（ ）内に適切な語や数値などを記入して，ガスの質量[kg]，内筒の上昇量[m]，ガスがなした仕事[MJ]，ガスが受けた熱量[MJ]，この間のガスの内部エネルギーの変化量[MJ]を求めよ。

1) 問題文から，ガスは （1　　　　）変化をしたと考えられる。

2) ガスの圧力 $p = 600\,\text{kPa} = (^2\quad\quad\quad)$ Pa，体積 $V_1 = 400\,\text{m}^3$，気体定数 $R = (^3\quad\quad\quad)$ J/(kg・K)，温度 $T_1 = (^4\quad\quad)$ K がわかっているので，理想気体の状態式 $(^5\quad\quad\quad\quad)$ を変形した次の式にこれらの数値を入れて，ガスの質量 m[kg]を求める。

$$m = \frac{pV_1}{RT_1} = \frac{(^6\quad\quad\quad) \times (^7\quad\quad)}{(^8\quad\quad) \times (^9\quad\quad\quad)} = 3406\,\text{kg} \qquad \text{答：ガスの質量 } m = 3406\,\text{kg}$$

3) ガスの温度が 18℃ の時のガスの体積は $V_1 = \frac{\pi}{4} \times d^2 h_1$，36℃ の時のガスの体積は $V_2 = \frac{\pi}{4} \times d^2 h_2$ で求められる。内筒の上昇量は $h = h_2 - h_1$[m]から求められるので，これらから次の式を得る。

$$h = h_2 - h_1 = \frac{4(V_2 - V_1)}{\pi d^2}$$

いま，温度 $T_1 = (^{10}\quad\quad)$ K，$T_2 = (^{11}\quad\quad)$ K，体積 $V_1 = (^{12}\quad\quad)$ m³ がわかっているので，定圧変化における体積 V と温度 T の式 $\frac{V_1}{T_1} = \frac{V_2}{T_2}$ を変形した次の式で，ガスの体積 V_2[m³]を求める。

$$V_2 = \frac{V_1}{T_1} \times T_2 = \frac{(^{13}\quad\quad)}{(^{14}\quad\quad)} \times (^{15}\quad\quad) = (^{16}\quad\quad)\,\text{m}^3$$

この値を先ほどの式に入れて，上昇量 h[m]を求める。

$$h = \frac{4 \times ((^{17}\quad\quad) - (^{18}\quad\quad))}{\pi \times (^{19}\quad\quad)^2} = (^{20}\quad\quad)\,\text{m} \qquad \text{答：内筒の上昇量 } h = (^{20}\quad\quad\quad)\,\text{m}$$

4) ガスがなした仕事 W[MJ]は，次の式にそれぞれの値を入れて求める。

$$W = p(V_2 - V_1)$$
$$= (^{21}\quad\quad) \times ((^{22}\quad\quad) - (^{23}\quad\quad)) = (^{24}\quad\quad)\,\text{J} = (^{25}\quad\quad)\,\text{MJ}$$

答：ガスがなした仕事 $W = (^{25}\quad\quad)$ MJ

5) ガスが受けた熱量 Q[MJ]は，次の式に定圧比熱 $c_p = 0.895\,\text{kJ/(kg・K)}$ $= (^{26}\quad\quad)$ J/(kg・K) などの値を入れて求める。

$$Q = mc_p(T_2 - T_1)$$
$$= (^{27}\quad\quad) \times (^{28}\quad\quad) \times ((^{29}\quad\quad) - (^{30}\quad\quad))$$
$$= (^{31}\quad\quad\quad)\,\text{J} = (^{32}\quad\quad)\,\text{MJ} \qquad \text{答：ガスが受けた熱量 } Q = (^{32}\quad\quad\quad)\,\text{MJ}$$

6)　この間のガスの内部エネルギーの変化量 $U = U_2 - U_1$ [MJ] は，次の式にそれぞれの値を入れて求める。

$$U = Q - W = (^{33}\qquad) - (^{34}\qquad) = (^{35}\qquad) \text{MJ}$$

答：ガスの内部エネルギーの変化量 $U = (^{35}\qquad)$ MJ

(6)　容積 $12\,\mathrm{m^3}$ のガスタンクがたくわえた理想気体を，温度を変えずに，容積 $40\,\mathrm{m^3}$ のガスタンクに移した。次の文中の（　）内に適切な語や数値などを記入して，圧力の変化を求めよ。

1)　問題文から，理想気体は（^{1}　　）変化をしたと考えられる。

2)　理想気体の体積が $V_1 = 12\,\mathrm{m^3}$ から $V_2 = 40\,\mathrm{m^3}$ に（^{1}　　）変化したので，この変化にかかる式（^{2}　　　　）＝一定を変形した次の式にこれらの数値を入れて，圧力の変化 $\dfrac{p_2}{p_1}$ を求める。

$$\frac{p_2}{p_1} = \frac{V_1}{V_2} = \frac{(^3\qquad)}{(^4\qquad)} = (^5\qquad)$$

答：ガスを移したら，その圧力は $\dfrac{300}{1000}$ に（^{6}　増加・減少　）した。

(7)　容積 $12\,\mathrm{m^3}$ のガスタンクがたくわえた比熱比 1.400 の理想気体を，熱の出入りがない状態で，容積 $40\,\mathrm{m^3}$ のガスタンクに移した。次の文中の（　）内に適切な語や数値などを記入して，圧力の変化と温度の変化を求めよ。

1)　問題文から，理想気体は（^{1}　　）変化をしたと考えられる。

2)　理想気体の体積が $V_1 = 12\,\mathrm{m^3}$ から $V_2 = 40\,\mathrm{m^3}$ に（^{1}　　）変化したので，この変化にかかる圧力と体積の式（^{2}　　　　＝　　　　＝一定）を変形した次の式にこれらの数値を入れて，圧力の変化 $\dfrac{p_2}{p_1}$ を求める。

$$\frac{p_2}{p_1} = \frac{V_1{}^\kappa}{V_2{}^\kappa} = \frac{(^3\qquad)}{(^4\qquad)} = 0.185$$

答：ガスを移したら，その圧力は $\dfrac{(^5\qquad)}{1000}$ に減少した。

3)　理想気体の体積が $V_1 = 12\,\mathrm{m^3}$ から $V_2 = 40\,\mathrm{m^3}$ に（^{1}　　）変化したので，この変化にかかる（^{6}　　　　）と（^{7}　　）の式 $T_1 V_1{}^{\kappa-1} = T_2 V_2{}^{\kappa-1} =$ 一定　を変形した次の式にこれらの数値を入れて，温度の変化 $\dfrac{T_2}{T_1}$ を求める。

$$\frac{T_2}{T_1} = \frac{V_1{}^{\kappa-1}}{V_2{}^{\kappa-1}} = \frac{(^8\qquad)}{(^9\qquad)} = (^{10}\qquad)$$

答：ガスを移したら，その温度は $\dfrac{(^{11}\qquad)}{1000}$ に減少した。

4 熱機関のサイクル

(1) 次の文は「カルノーサイクル」について述べたものである。文中の（ ）内に適切な語を記入，あるいは（ ）内の適切な語を選択せよ。

1) 図 21 に示すカルノーサイクルの p–V 線図と T–S 線図において，区間①→②は
(1　　　　　) とよばれ，気体は外部から熱エネルギーの供給を受けて，その
(2 温度・圧力) を一定に保ったまま体積を (3 増加・減少) させる。区間②→③は
(4　　　　　) とよばれ，気体は (5　　　) 変化によって体積を (6 増加・減少) させる
ので，気体の内部エネルギーは (7 増加・低下) する。区間③→④は (8　　　　　) とよ
ばれ，気体は (9　　　) 変化をしながら体積を (10 増加・減少) させるので，この区間で
は熱エネルギーを捨てさせる必要がある。区間④→①は (11　　　　　) とよばれ，気体は
(12　　　) 変化をしながら体積を (13 増加・減少) させるので，内部エネルギーは徐々に
(14 増加・減少) する。そして，やがてすべての状態量すなわち (15　　　), (16　　　),
(17　　　) が①の状態量に戻り，一つのサイクルが完了する。カルノーサイクルでは，こ
のようにして供給した熱エネルギーの (18 一部・全部) を仕事に変換する。

2) 区間②→③と④→①の過程では，(19 エンタルピー・エントロピー) の変化はない。

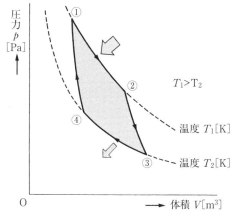

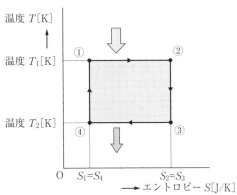

図 21　カルノーサイクル

(2) 次の文は「熱機関のサイクル」について述べたものである。その内容が正しいものには○を，誤っているものには×を（ ）内に記入せよ。

(1　　　) 熱機関のサイクルは，いくつかの異なった状態変化を組み合わせる必要がある。

(2　　　) 熱機関の仕事を大きくするためには，供給する熱エネルギーを増やし，捨てる熱エネルギーを減らすとよい。

(3　　　) 熱機関の熱効率を向上させるためには，供給する熱エネルギーを増やし，捨てる熱エネルギーを減らすとよい。

(4　　　) カルノーサイクルの仕事を大きくするためには，供給する熱エネルギーを増やし，

　　　　　捨てる熱エネルギーを減らすとよい。

(5　　　)　カルノーサイクルでは，断熱膨張で失った内部エネルギーは，断熱圧縮で得た内部
　　　　　エネルギーより大きい。

(6　　　)　カルノーサイクルの熱効率を向上させるためには，供給する熱エネルギーの温度を
　　　　　高くして，捨てる熱エネルギーの温度を低くするとよい。

(3)　熱機関が100回作動する間に2000 kJ の熱エネルギーを供給したら，800 kJ の仕事をした。
　　次の文中の（　）内に適切な数値や量記号を記入して，熱機関の熱効率[%]と，1サイクル
　　あたりの熱エネルギーの消費量[kJ]を求めよ。

1)　熱機関に供給した熱エネルギーの総量は $Q =$ (1　　　)kJ で，熱機関がなした有効な仕事
　　の総量は $W =$ (2　　　)kJ なので，次の式にこれらの数値や量記号を入れて熱効率を求める。

$$\eta = \frac{(3\quad)}{(4\quad)} \times 100 = \frac{(5\quad)}{(6\quad)} \times 100 = {}^{(7}\quad) \%$$

　　　　　　　　　　　　　　　　　　　　　　　答：熱効率 $\eta =$ (7　　　) %

2)　熱機関はこのサイクルを $n =$ (8　　　) 回繰り返したので，次の式にこれらの数値を入れ
　　て，1サイクルあたりの熱エネルギーの消費量 Q_1[kJ]を求める。

$$Q_1 = \frac{(9\quad)}{n} = \frac{(10\quad)}{(11\quad)} = {}^{(12}\quad) kJ$$

　　　　　　　　　　　　答：1サイクルあたりの熱エネルギーの消費量 $Q_1 =$ (12　　)kJ

(4)　カルノーサイクルをなす熱機関で，1サイクルあたり 1.4 kJ の仕事を得たい。高熱源の温
　　度を460℃とし，1サイクルあたりに供給する熱量は 5.6 kJ に納めたい。次の文中の（　）
　　内に適切な量記号や数値を記入して，低熱源の温度[℃]を求めよ。

1)　1サイクルあたりの仕事は $W =$ (1　　　)kJ，熱機関に供給した熱エネルギーの総量は $Q =$
　　(2　　　)kJ なので，次の式にこれらの数値を入れて熱効率 η_c[%]を求める。

$$\eta_c = \frac{(3\quad)}{(4\quad)} \times 100 = \frac{(5\quad)}{(6\quad)} \times 100 = {}^{(7}\quad) \%$$

2)　$\eta_c = \left(1 - \dfrac{T_2}{T_1}\right) \times 100$ を変形した次の式に，熱効率 $\eta_c =$ (7　　) %，$T_1 =$ (8　　　)℃
　　$=$ (9　　　)K を入れて低熱源の温度 T_2[K]を求めたのち，温度 t_2[℃]を求める。

$$T_2 = \left(1 - \frac{\eta_c}{100}\right) \times T_1 = \left(1 - \frac{(10\quad)}{100}\right) \times (11\quad) = {}^{(12}\quad) K$$

$$t_2 = T_2 - (13\quad) = (14\quad) - (15\quad) = {}^{(16}\quad) ℃$$

　　　　　　　　　　　　　　　　　答：低熱源の温度 $t_2 =$ (16　　　)℃

(5) 下の表は，温度 T_1，T_2，エントロピー S_1，S_2 が一定の時の体積 v の変化に対する圧力 p の変化を示したものである。この表を完成させたのち，カルノーサイクルの p–V 線図を完成させ図中に状態変化の名称を記入せよ。なお，（　）内の数値は，線図を作成する際に打点する必要はない。

体積	等温変化		断熱変化 $\kappa = 2$	
	$T_1 = $一定	$T_2 = $一定	$S_1 = $一定	$S_2 = $一定
	圧　　力			
$v[\mathrm{m}^3]$	$p_1[\mathrm{Pa}]$	$p_2[\mathrm{Pa}]$	$p_3[\mathrm{Pa}]$	$p_4[\mathrm{Pa}]$
100×10^{-3}	(3500)	7800	8610	(22960)
125×10^{-3}	(2800)	6240	5510	(14694)
150×10^{-3}	(2333)	5200	3827	(10204)
175×10^{-3}	(2000)	4457	2811	(7497)
200×10^{-3}	1750	3900	2153	(5740)
250×10^{-3}	1	2	3	4
300×10^{-3}	5	6	7	8
350×10^{-3}	1000	2171	(703)	1874
400×10^{-3}	875	(1900)	(538)	1435
450×10^{-3}	778	(1689)	(425)	1134
500×10^{-3}	700	(1520)	(344)	918
550×10^{-3}	636	(1382)	(285)	759
600×10^{-3}	583	(1267)	(239)	638
650×10^{-3}	538	(1169)	(204)	543
700×10^{-3}	500	(1086)	(176)	469
750×10^{-3}	467	(1013)	(153)	408
800×10^{-3}	438	(950)	(135)	359

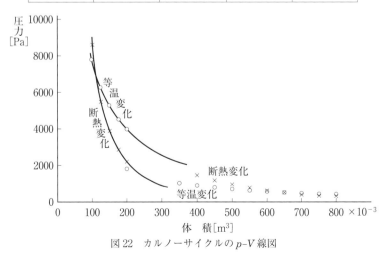

図22　カルノーサイクルの p–V 線図

3 レシプロエンジンの作動原理と熱効率 （教科書 p. 137～146）

1 排気量と圧縮比

(1) 次の文は「排気量と圧縮比」について述べたものである。文中の（　）内に適切な語を記入せよ。

1) ピストンが上下方向に移動するレシプロエンジンでは，その最上端の位置を（¹　　　），最下端の位置を（²　　）という。これらの間の距離は（³　　）または（⁴　　　　）というが，ピストンが最下端から最上端に移動する動作，その逆に最上端から最下端に移動する動作も（⁵　　）などとよぶので，注意が必要である。

2) シリンダ内の気体を，ピストンの1行程の動作で押しのけることができる量を（⁶　　　　）または（⁷　　　）といい，多数のシリンダをもつレシプロエンジンの全シリンダのそれは，（⁸　　　　）または（⁹　　　　）という。

3) ピストンが上死点にあるとき，シリンダ頂部に残された容積を（¹⁰　　　　　）または（¹¹　　　　）という。

4) 排気量とすき間容積を合わせた容積を，（¹²　　　　　　）という。

5) シリンダ容積とすきま容積との比を（¹³　　　　）という。

(2) シリンダの内径が82 mmで，行程が86 mmの4シリンダガソリンエンジンがある。次の文中の（　）内に適切な数値を記入して，総排気量[cm³]を求めよ。

シリンダの内径 $D = 82$ mm = (¹　　　)cm，行程 $s = 86$ mm = (²　　　)cm，シリンダ数 $z =$ (³　　) などを，次の式に入れて総排気量 V[cm³]を求める。

$$V = \frac{z\pi D^2 s}{4} = \frac{(⁴\quad)\pi(⁵\quad)^2(⁶\quad)}{4} = (⁷\quad)\,\text{cm}^3$$

答：総排気量 $V =$ (⁷　　　　　)cm³

(3) シリンダの内径が78 mm，行程が82 mm，圧縮比が10の6シリンダガソリンエンジンがある。次の文中の（　）内に適切な数値を記入して，排気量 V_s[cm³]と燃焼室容積 V_c[cm³]を求めよ。

シリンダの内径 $D = 78$ mm = (¹　　　)cm，行程 $s = 82$ mm = (²　　　)cm，圧縮比 $\varepsilon =$ (³　　) などを，次の式に入れて排気量 V_s[cm³]と燃焼室容積 V_c[cm³]を求める。

$$V_s = \frac{\pi D^2 s}{4} = \pi\frac{(⁴\quad)^2(⁵\quad)}{4} = (⁶\quad)\,\text{cm}^3$$

$$V_c = \frac{V_s}{(\varepsilon - 1)} = \frac{(⁶\quad)}{(⁷\quad)} = (⁸\quad)\,\text{cm}^3$$

答：排気量 $V_s =$ (⁶　　　)cm³，燃焼室容積 $V_c =$ (⁸　　　)cm³

2　ガソリンエンジンの作動原理

(1)　下に示す自動車用4サイクルガソリンエンジンの各部の名称を答えよ。

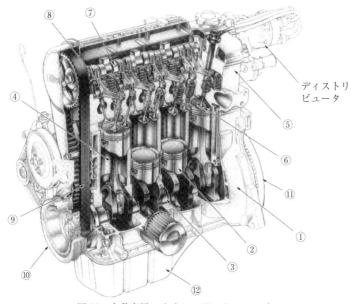

ディストリ
ビュータ

図23　自動車用4サイクルガソリンエンジン

【語群】	クランクシャフト　　バルブ　　タイミングベルト　　ピストン　　プーリ オイルパン　　シリンダヘッド　　コンロッド　　シリンダブロック カムシャフト　　スパークプラグ　　フライホイール

①（　　　　　　　　）　②（　　　　　　）　③（　　　　　　　　）

④（　　　　　）　⑤（　　　　　　　）　⑥（　　　　　）

⑦（　　　　　　）　⑧（　　　　　　　）　⑨（　　　　　　　）

⑩（　　　）　⑪（　　　　　　　）　⑫（　　　　　　）

(2)　次の表は，ピストンが上死点と下死点の中間にある時の4サイクルガソリンエンジンの作動状況を示したものである。空欄に適切な語を入れて，表を完成させよ。

行程の名称	吸気行程	圧縮行程	膨張行程	排気行程
ピストンの移動方向	下方	1	2	3
インテークバルブの開閉の状況	4	閉	閉	5
エキゾーストバルブの開閉の状況	閉	6	7	開
気体の名称	混合気	8	燃焼ガス	9
仕事の授受	仕事を受ける	10	仕事をする	11

(3) 次の表は，2サイクルガソリンエンジンの作動状況を示したものである。空欄に適切な語を入れて，表を完成させよ。

作用の名称	圧縮	燃焼	排気	排気・掃気
ピストンの移動方向	1	2	下方	3
インテークポートの開閉の状況	4	閉	5	閉～開
スカベンジングポートの開閉状況	6	7	閉	開
エキゾーストポートの開閉の状況	閉	8	9	開
燃焼室内の気体の名称	10	11	燃焼ガス	混合気と燃焼ガス
クランクケース内の気体の名称	混合気	混合気	12	13
仕事の授受	14	仕事を始める直前	15	仕事をしたのち，仕事を受ける

(4) 次の文はガソリンエンジンの作動原理について述べたものである。その内容が正しいものには○を，誤っているものには×を（　）内に記入せよ。

(1　　　) 4サイクルガソリンエンジンが1サイクルを終えるためには，クランクシャフトは4回転しなくてはならない。

(2　　　) 2サイクルガソリンエンジンが2サイクルを終えるためには，クランクシャフトは2回転しなくてはならない。

(3　　　) クランクケース掃気方式の2サイクルガソリンエンジンは，ピストンが上昇するときに，燃焼室内に混合気を吸い込む。

(4　　　) クランクケース掃気方式の2サイクルガソリンエンジンのクランクケースは，オイルパンの機能も果たす。

(5　　　) クランクケース掃気方式の2サイクルガソリンエンジンのクランクケース内の圧力は，ピストンの上昇にともなって低下し，下降によって上昇する。

(6　　　) 掃気の圧力を高めれば，掃気作用は改善される。

3 ガソリンエンジンの熱効率

(1) 次の文は「ガソリンエンジンの熱効率」について述べたものである。文中の（　）内に適切な語を記入，あるいは（　）の適切な語を選択せよ。

1) ガソリンエンジンの基本サイクルである（1　　　）サイクルは，（2　　　）サイクルともいわれる。

2) このサイクルを表す右の図において, ①→②では
(3 　　　　), ②→③では (4 　　　　), ③→④で
は (5 　　　　), ④→①では (6 　　　　) が行わ
れて, 1サイクルが完了する。このサイクルの特徴は
(7 　　　　), すなわちピストンが (8 上・下) 死点
にとどまっている間に, 気体を加熱する (9 　　　)
にある。なお, 図中の V_c は (10 　　　　), V_t は
(11 　　　　) に相当する容積を表す。

3) このサイクルの理論熱効率は, (12 　　　　) すな
わち気体の種類が定まれば, (13 　　　) のみに支配
され, その値 (14 　　) を大きくするほど, 高くな
る。

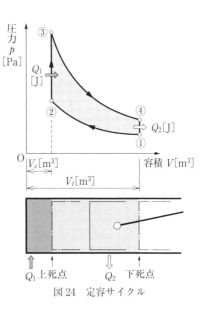

図 24　定容サイクル

(2) 下の表は, ガソリンエンジンの作動流体の断熱指数を 1.4 としたときの, 圧縮比 ε と理論
熱効率 η[%] の関係を示したものである。表を完成させたのち, 圧縮比 ε と熱効率 η[%] の関
係を表すグラフを完成させよ。

圧縮比 ε	理論熱効率 η[%]
6	51.2
8	1
10	2
12	3
14	4
16	5
18	6
20	69.8

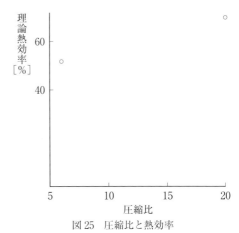

図 25　圧縮比と熱効率

4 ディーゼルエンジンの作動原理

(1) 次の文はディーゼルエンジンの作動原理について述べたものである。その内容が正しいも
のには○を, 誤っているものには×を ( ) 内に記入せよ。

(1 　　) ディーゼルエンジンでは, 霧状にして噴射した燃料を自然着火させるので, 圧縮比
はガソリンエンジンのそれより大きな値である。

(2 　　) 2サイクルディーゼルエンジンは, クランクシャフトの 100 回転で 100 サイクルを
完了する。

(3 　　) 2サイクルディーゼルエンジンの掃気は, 空気によって行われるので, 燃料のむだ

がない。

(4　　　)　2サイクルディーゼルエンジンのクロスフロー掃気では，下方から上方への一方向に空気を流して掃気する。

(5　　　)　クロスフロー掃気を行う2サイクルディーゼルエンジンは，インテークバルブは必要だが，エキゾーストバルブは不要である。

(6　　　)　ディーゼルエンジンでは，圧縮中のピストンが上死点に到達する直前に，燃料をシリンダ内へ噴射する。

(7　　　)　大形の船舶に搭載されているディーゼルエンジンは，クランクシャフトの回転数が1分間あたり100〜200回転程度の2サイクルディーゼルエンジンが主流である。

(2)　次の表は，ピストンが上死点と下死点の中間にあるときの，4サイクルディーゼルエンジンの作動状況を示したものである。空欄に適切な語を入れて，表を完成させよ。

行程の名称	吸気行程	圧縮行程	膨張行程	排気行程
ピストンの移動方向	1	2	3	4
インテークバルブの開閉の状況	5	6	閉	7
エキゾーストバルブの開閉の状況	閉	8	9	開
気体の名称	空気	10	燃焼ガス	11
仕事の授受	12	13	14	15

(3)　次の表は，ピストンが上死点と下死点の中間にあるときの，ユニフロー掃気式の2サイクルディーゼルエンジンの作動状況を示したものである。空欄に適切な語を入れて，表を完成させよ。

作用の名称	圧縮	膨張	排気	掃気
ピストンの移動方向	1	2	3	下方から上方へ
スカベンジングポートの開閉の状況	4	5	6	7
エキゾーストバルブの開閉の状況	閉	8	9	10
気体の名称	11	12	13	14
仕事の授受	15	16	17	18

5　ディーゼルエンジンの熱効率

(1)　次の文は「ディーゼルエンジンの熱効率」について述べたものである。文中の（　）内に適切な語を記入，あるいは（　）の適切な語句を選択せよ。

1)　ディーゼルエンジンのサイクルには，おもに大形船舶に用いられる（1　低速・高速　）ディーゼルエンジンの基本サイクルである（2　　　　　）サイクルと，自動車や建設機械など

に用いられる（3　低速・高速　）ディーゼルエンジンの基本サイクルで，（4　　　　）サイクルともよばれる（5　　）サイクルがある。

2)　ガソリンエンジンの膨張行程は（6　　）膨張だけだが，低速ディーゼルエンジンの膨張行程は，加熱による（7　　）膨張と（8　　）膨張によって構成される。

3)　低速ディーゼルエンジンの熱効率は，圧縮比はもとより（9　　　　）の影響も受ける。

4)　低速ディーゼルエンジンの熱効率を向上させるためには，圧縮比を（10　大きく・小さく　）し，締切比を（11　大きく・小さく　）するとよい。締切比は，断熱膨張が始まる直前の気体の体積を，燃焼室容積で割った値なので，燃焼時間が（12　長い・短い　）ほど熱効率が高くなる。

5)　高速ディーゼルエンジンでの加熱は（13　　）燃焼と（14　　）燃焼からなり，膨張行程は（15　　）膨張と（16　　）膨張からなる。このため，高速ディーゼルエンジンの熱効率は，圧縮比，（17　　　　）のほかに（18　　　　）の影響も受ける。

6)　高速ディーゼルエンジンの熱効率を向上させるためには，圧縮比を（19　大きく・小さく　）し，締切比を（20　大きく・小さく　）し，最高圧力比を（21　大きく・小さく　）するとよい。最高圧力比は，（22　　）加熱が終わった後の気体の圧力を，それが始まる前の圧力で割った値なので，燃焼時間が短いほど熱効率が高くなる。

(2)　下の表は，低速ディーゼルエンジンの圧縮比を 20，作動流体の断熱指数を 1.4 としたときの，締切比と理論熱効率[%]の関係を示したものである。表を完成させたのち，締切比と理論熱効率[%]の関係を表すグラフを完成させよ。

締切比	理論熱効率[%]
1.4	1
1.6	66.7
1.8	65.8
2.0	64.9
2.2	64.0
2.4	63.1
2.6	62.3
2.8	2

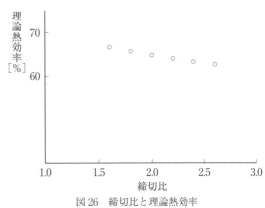

図 26　締切比と理論熱効率

4 レシプロエンジンの構造 （教科書 p. 147〜171）

1 エンジン本体の構造

（1） 下に示す自動車用ガソリンエンジンと自動車用ディーゼルエンジンの各部の名称を答えよ。

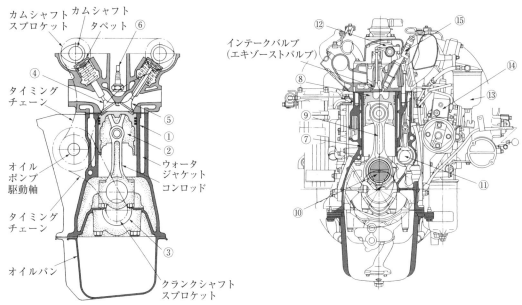

図27　自動車用エンジンの構造

> 【語群】　シリンダライナ　　フューエルインジェクションバルブ　　クランクシャフト
> 　　　　　シリンダ　　カムシャフト　　コンロッド　　ピストン　　インテークバルブ
> 　　　　　エキゾーストバルブ　　ロッカアーム　　スパークプラグ
> 　　　　　クランクシャフト　　ピストン　　フューエルフィルタ
> 　　　　　インジェクションポンプ

①（　　　　　　）　②（　　　　　）　③（　　　　　　　　　）　④（　　　　　　　　　）

⑤（　　　　　　　　）　⑥（　　　　　　）　⑦（　　　　　　）　⑧（　　　　　　）

⑨（　　　　　）　⑩（　　　　　　　　）　⑪（　　　　　　）　⑫（　　　　　　　）

⑬（　　　　　　　　）　⑭（　　　　　　　　　　）

⑮（　　　　　　　　　　　　　）

（2） 次ページに示すピストンとコンロッド，およびクランクシャフトとフライホイールの各部
　　の名称を答えよ。

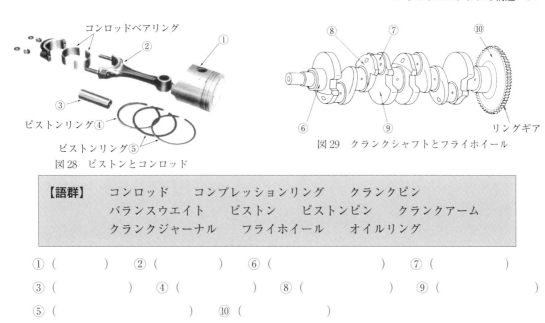

図28 ピストンとコンロッド

図29 クランクシャフトとフライホイール

【語群】　コンロッド　　コンプレッションリング　　クランクピン
　　　　　バランスウエイト　　ピストン　　ピストンピン　　クランクアーム
　　　　　クランクジャーナル　　フライホイール　　オイルリング

① (　　　　　)　　② (　　　　　　　)　　⑥ (　　　　　　　　)　　⑦ (　　　　　　　)

③ (　　　　　)　　④ (　　　　　　　)　　⑧ (　　　　　　　　)　　⑨ (　　　　　　　)

⑤ (　　　　　　　　　　)　　⑩ (　　　　　　)

(3)　下に示すカムシャフト駆動装置，およびバルブ機構の各部の名称を答えよ。

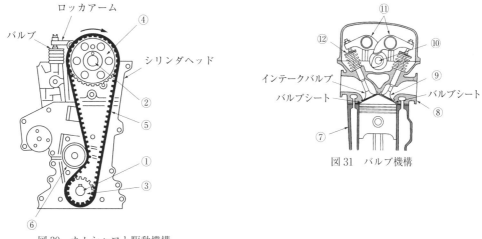

図30　カムシャフト駆動機構

図31　バルブ機構

【語群】　タイミングベルト　　シリンダヘッド
　　　　　カムシャフトタイミングベルトプーリ　　クランクシャフト
　　　　　クランクシャフトタイミングベルトプーリ　　カムシャフト
　　　　　エンジンブロック　　エキゾーストバルブ　　テンションプーリ
　　　　　ロッカアーム　　バルブスプリング　　カムシャフト

① (　　　　　　　　)　　② (　　　　　　)　　⑦ (　　　　　　　)

③ (　　　　　　　　　)　　⑧ (　　　　　　)

④ (　　　　　　　　　)　　⑨ (　　　　　　)　　⑩ (　　　　　　)

⑤ (　　　　　　)　　⑥ (　　　　　　)　　⑪ (　　　　　)　　⑫ (　　　　　　)

(4)　次の文は「エンジン本体の構造」について述べたものである。その内容が正しいものには
　　○を，誤っているものには×を（　）内に記入せよ。

(1)　（　　）　鋳鉄のシリンダブロックには，アルミニウム合金鋳物のシリンダライナを圧入して
　　　　　　使用する。

(2)　（　　）　水冷式エンジンのシリンダブロックのシリンダのまわりには，ウォータジャケット
　　　　　　とよばれる空洞が設けられている。

(3)　（　　）　シリンダブロックの上面には，パッキンをはさんで，シリンダヘッドを取りつける。

(4)　（　　）　ピストンには，アルミニウム合金鋳物が広く用いられている。

(5)　（　　）　ピストンの上部に，鋳鉄でつくられたピストンリングを取りつける。

(6)　（　　）　ピストンリングは，シリンダとピストンの気密を保つとともに，ピストンの熱をシ
　　　　　　リンダへ逃がす働きなどがある。

(7)　（　　）　ピストンリングは，ピストンの上部にコンプレッションリング，オイルリングの順
　　　　　　に取りつける。

(8)　（　　）　クランクシャフトは，排気行程ではコンロッドを介して伝わってきたピストンの往
　　　　　　復運動を回転運動に変え，それ以外の行程ではコンロッドを介してピストンを往復運
　　　　　　動させる。

(9)　（　　）　4シリンダエンジンのクランクアームは，90度ずらして配置する。

(10)　（　　）　単シリンダエンジンのフライホイールは，6シリンダエンジンのそれより大きい。

(11)　（　　）　カムシャフトタイミングプーリは，クランクシャフトタイミングプーリが1回転す
　　　　　　ると2回転する。

(12)　（　　）　インテークバルブやエキゾーストバルブは，特殊鋳鉄でつくる。

(13)　（　　）　吸気・排気をじゅうぶんに行うためには，これらのバルブを上死点や下死点の手前
　　　　　　で開いたり，閉じたりすることがある。

(14)　（　　）　燃焼室の一部を構成するインテークバルブやエキゾーストバルブは高温になると膨
　　　　　　張するので，そのバルブステムエンドとロッカアームの間にはわずかなすき間を設け
　　　　　　て調節できるようにする。

(15)　（　　）　カムシャフト駆動装置のテンションプーリは，タイミングベルトの張り側に設ける。

(16)　（　　）　インテークバルブやエキゾーストバルブは，カムによって開き，バルブスプリング
　　　　　　によって閉じる。

(17)　（　　）　タペットは，クランクシャフトの動きをバルブやプッシュロッドに伝える。

(5) 下のバルブタイミングダイヤグラムを見て，文中の（　）内に適切な数値や語を記入せよ。

1) 本来，吸気行程や圧縮行程はそれぞれ180度だが，インテークバルブはピストンが上死点の手前（1　　）度に達すると開きはじめ，下死点を通過したのち（2　　）度のところで閉じるので，吸気角度は（3　　）度に及ぶ。このため圧縮角度は（4　　）度ということになる。

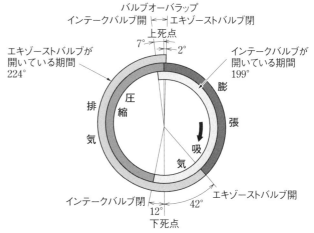

図32　バルブタイミングダイヤグラム

2) 膨張行程や排気行程も同様に，それぞれ180度だが，膨張は上死点から下死点前（5　　）度までの（6　　）度の間で行うので，その角度は圧縮に比べて（7　　）度小さい。なお，排気は下死点前（8　　）度から上死点後（9　　）度までの（10　　）度の間で行うということになる。

3) バルブオーバラップは，（11　　　）付近で発生し，その角度は（12　　）度である。

2　潤滑装置

(1) 次の文は「潤滑装置」について述べたものである。文中の（　）内に適切な語を記入，あるいは（　）内の適切な数値を選択せよ。

1) 潤滑装置は，レシプロエンジンの摩擦や摩耗を減少する（1　　）作用，各部で発生した摩擦熱を運ぶ（2　　）作用，シリンダとピストンとの間の気密を保つ（3　　）作用，空気や湿気をしゃ断して腐食を防ぐ（4　　）作用，摩耗粉などを運び出す（5　　）作用，衝撃や騒音を吸収する（6　　）作用などがある。

2) 潤滑法には，（7　　　　）で加圧された潤滑油を各部に送って潤滑する（8　　）潤滑が一般的である。なお，据え置き形で小形の（9　2・4）サイクルガソリンエンジンやディーゼルエンジンなどでは，オイルパンの潤滑油を，コンロッド大端部に設けた（10　　）ではね上げて潤滑する（11　　　）潤滑が用いられている。一方，いろいろな姿勢で使用されるチェーンソーなどに用いられる小形の（12　2・4）サイクルガソリンエンジンは，潤滑油を混合した燃料を用いて潤滑する（13　　）潤滑が多い。

3　冷却装置

(1) 次の文は「冷却装置」について述べたものである。文中の（　）内に適切な語を記入，あるいは（　）内の適切な語を選択せよ。

1) シリンダやシリンダヘッドなどの（1　　）を防ぎ，適当な温度を保つ目的で設ける冷却

装置には，これらに設けられた（2　　　　　　　）に冷却ポンプから送られた（3　　　　）を導いて循環させる水冷式や，これらに設けられた（4　　　　　　）に（5　　　　）を当てて大気中に熱を逃がす空冷式などがある。

2）　水冷式には，冷却水がレシプロエンジンから運んできた熱エネルギーを，（6　　　　　　　）を介して大気中に放出するものや，（7　　　　　　）を介して水中に放出するものがあり，それぞれ（8　　　　）や（9　　　）などで利用されている。水冷式では流水量を制御して適当な温度に保つが，これには（10　　　　　　　）などを用いる。

3）　空冷式には，（11　　　　　）を用いて強制的に空気を送る強制空冷式とよばれるものがある。空冷式は，冷却水の凍結による故障がないので管理が容易だが，（12　密度・粘度　）の小さい空気を用いるので，冷却能力は水冷式に劣る。

4　ガソリンエンジンの燃料系統と燃焼

(1)　次の文は「ガソリンエンジンの燃料系統と燃焼」について述べたものである。文中の（　　）内に適切な語を記入，あるいは（　　）内の適切な数値を選択せよ。

1）　運転状態に適した混合気を供給する装置には，キャブレータや（1　　　　　　　　）がある。これらの装置がつくる混合気中の空気と燃料の（2　　　　）を混合比または（3　　　　）といい，1 kg のガソリンを完全燃焼させるためには，約（4　　　）kg の空気，すなわち気温が20℃の場合には空気の密度が $\rho = 1.205$ kg/m³ であるから，約（5　1.22・12.2・122　）m³ の空気が必要になる。

2）　ガソリンエンジンの出力や回転速度は，キャブレータや電子制御燃料噴射システムの（6　　　　　）を操作して，シリンダに吸い込まれる（7　　　　）の量を調節して行う。

3）　排気量が400 cm³のガソリンエンジンの体積効率が86% のときには，（8　　　　）cm³の新気がシリンダ内に吸入される。

4）　圧縮された高圧の混合気は，（9　　　　　　　）の電極間で発生させた放電火花によって点火される。

5）　ガソリンエンジンの（10　　　　）を高くするとノッキングを起こしやすくなる。

(2)　次の文は「ガソリンエンジンの燃料系統と燃焼」について述べたものである。その内容が正しいものには○を，誤っているものには×を（　　）内に記入せよ。

(1　　　)　一般に，キャブレータのメインノズルの先端は，フロート室の燃料の液面より低い。

(2　　　)　最大出力時には，燃料の一部は燃えないまま排出される可能性がある。

(3　　　)　排気ガスの熱エネルギーを有効利用するターボチャージャは，排気量より多くの空気をシリンダ内に供給するので，出力を向上させることができる。

(4　　　)　火炎伝播距離が短く，火炎伝播速度が速ければ，定容加熱に近づく。

(5　　　)　スパークプラグは，火炎伝播距離が短くなる位置に配置するのがよい。

(6　　) 放電火花を発生させるためにスパークプラグに加える電圧は，約 12 V である。

(7　　) 膨張行程でスワールやスキッシュが発生すると，燃焼速度が速くなる。

(8　　) 半球形燃焼室は，表面積が小さいので，熱損失が少ない特徴があるが，渦流れが起こりにくい欠点がある。

(9　　) ノッキングを起こしやすいガソリンエンジンには，オクタン価 90 のガソリンより，97 のガソリンを使用するのがよい。

5 ディーゼルエンジンの燃料系統と燃焼

(1) 次の文は「ディーゼルエンジンの燃料系統と燃焼」について述べたものである。文中の（　）内に適切な語や数値を記入，あるいは（　）内の適切な語を選択せよ。

1) ディーゼルエンジンとガソリンエンジンの大きな違いは，(1　　) とその燃焼のさせ方にある。ガソリンエンジンの燃焼室では，圧縮された (2　　) に (3　　) で点火して燃焼させるが，ディーゼルエンジンの燃焼室では，より強く圧縮された (4　　) の中に燃料を噴射することで燃料を (5　　) させて燃焼させる。

2) ディーゼルエンジンの性能には，燃料の (6　　) や (7　　) の良否が大きな影響をおよぼす。このため，噴霧は粒径が (8　　)，その大きさが均一で，しかも (9　　) に分散して燃焼室のすみずみまでいきわたって (10　　) とよく混合すること，噴射のはじめと終わりが (11　　) なこと，噴射の (12　　) と (13　　) が正確に，かつ自由に制御できることなどが，インジェクションポンプや (14　　) に望まれる。

3) 4 サイクルディーゼルエンジンの回転速度が 2000 min⁻¹ のときには，燃料は (15　　) 回噴射される。このとき，インジェクションポンプは，内部のピストンを (16　　) 往復させて，燃料を (17　　) 回加圧して，(18　　) に圧送する。しかし，コモンレール燃料噴射システムは，(19　　) にたくわえた高圧の燃料を (20　　) に圧送するので，(21　　) ポンプはエンジンの回転速度の影響を受けない利点があり，電子制御を採用したこのシステムには，燃料の噴射量，噴射時期のほかに，(22　　) の制御を行うことができるなどの特徴がある。

4) 直接噴射燃焼室に比べて，噴射圧力が比較的 (23　高い・低い) (24　　) 式や (25　　) 式などの副室式燃焼室は，セタン価の (26　高い・低い) 燃料の使用が可能で，燃焼最高圧力が (27　高く・低く)，運転音が静かなどの特長があるが，表面積が (28　大きい・小さい) ので熱効率がやや (29　高く・低く)，始動時には (30　　) に通電して，あらかじめ燃焼室内を予熱する必要がある。

(2) 次の文は「ディーゼルエンジンの燃料系統と燃焼」について述べたものである。その内容が正しいものには○を，誤っているものには×を（　）内に記入せよ。

(1　　) ディーゼルエンジンのフューエルインジェクションバルブは，ガソリンエンジンの

それと同じ位置に取りつける。

(2　　　)　コモンレール燃料噴射システムのインジェクタは，ガソリンエンジンのインジェクタと同様にコンピュータの信号で開閉して燃料を噴射するが，一般的なディーゼルエンジンのフューエルインジェクションバルブは，燃料の圧力によって開閉して噴射する。

(3　　　)　予燃焼室の容積は主燃焼室のそれより小さいが，渦流室の容積は主燃焼室のそれより大きい。

(4　　　)　燃料の噴射は，ガソリンエンジンでもディーゼルエンジンでも，膨張行程に移る前すなわち圧縮行程のさなかに行う。

(5　　　)　ガソリンエンジンでの点火やディーゼルエンジンでの着火が速すぎると，排気ガスの温度は高くなるが，出力の向上にはつながらない。

(6　　　)　ディーゼルノックは，ピストンが上死点にいたる直前に発生する。

(7　　　)　セタン価50の軽油は，セタン価60の軽油よりディーゼルノックを起こしにくい。

6　排気装置と排出ガスの処理

(1)　次の文は「排気装置と排出ガスの処理」について述べたものである。文中の（　）内に適切な語を記入せよ。

1)　マフラから外部に放出される（1　　　　　）や（2　　　　　　）やキャブレータなどから外部に放出される燃料の蒸気などを含めて（3　　　　　）といい，自動車用エンジンではこれらに含まれる物質の一部を有害物質として規制している。

2)　ガソリンエンジンの排気ガスの中には，空気の供給が不十分なときに発生する（4　　　　　），未燃焼ガスによって発生する（5　　　　），燃焼温度が高い場合に発生する（6　　　　　）などの有害物質が含まれている。

3)　ガソリンエンジンの排気ガスの中のCOやHCの低減には（7　　　　　）が有効であり，NO_xの生成抑制には（8　　　　　）が有効である。

4)　ディーゼルエンジンでは，（9　　　）や（10　　　）ともよばれる黒煙を含むすす状の粒子状物質への対策が重要である。

(2)　次の文は「排気装置と排出ガスの処理」について述べたものである。その内容が正しいものには○を，誤っているものには×を（　）内に記入せよ。

(1　　　)　ガソリンエンジンの希薄燃焼方式の燃焼室では，スパークプラグ付近の混合比は8よりも濃くして，周辺の混合比は20よりも薄くする。

(2　　　)　電子制御燃料噴射システムによって燃料を供給するガソリンエンジンでは，触媒コンバータは不要である。

(3　　　)　ディーゼルエンジンは，通常，14.2より薄い混合比で運転される。

5 レシプロエンジンの性能と運転 （教科書 p. 172〜179）

1 レシプロエンジンの運転と性能試験

(1) 次の文は「レシプロエンジンの運転と性能試験」について述べたものである。文中の（ ）内に適切な語を記入せよ。

1) 小形のレシプロエンジンでは，(^{1}　　　　　　）の後端に取りつけたフライホイールを

(^{2}　　　　　　）で回転させて始動し，停止は（^{3}　　　）系統の通電回路のしゃ断による。

2) 船用の大形ディーゼルエンジンでは，点火順序に従って（^{4}　　　　）をシリンダに供給

して，(^{5}　　　　）を往復運動させて（^{6}　　　　）を回転させるなどして始動し，停

止は燃料をしゃ断する方法，燃料のしゃ断とともに（^{7}　　　　　）を閉じて吸気を停止

させる方法，(^{8}　　　）や（^{9}　　　）を開いたままにして圧縮できない状態にする方法

などがある。

3) 自動車に搭載するレシプロエンジンの性能試験は，JIS 規格に基づいて，

(^{10}　　　　　）試験方法によって行うが，舶に転載してプロペラを回転させる場合に

は，(^{11}　　　　　）試験方法によって行う。

4) 機関の最大出力は，(^{12}　　　）試験によって求める。

5) JIS で定められたレシプロエンジンの性能試験では，(^{13}　　　）試験は必須であるが，始

動試験が規定されているのは，(^{14}　　　　　　）試験方法と，非常用発電機の駆動に用

いるエンジンなどを対象とする（^{15}　　　　　　）試験方法の二つだけである。

6) 燃料消費率が 240 g/(kW/h) のエンジンを，出力 28 kW で 36 分間連続運転した時に消

費する燃料の量は，(^{16}　　　）kg である。

2 実際のサイクル

(1) 下の図を見て，文中の（ ）内に適切な語を記入せよ。

1) この図のなかで，4 サイクルガソリン
エンジンに取りつけた指圧計などから作
成したインジケータ線図は（^{1}　　　）で
表され，定容サイクルの p−V 線図は
(^{2}　　　）で表されている。

2) インジケータ線図において，①から⑥
に至る区間は（^{3}　　　）行程で，⑥から
①に至る区間は（^{4}　　　）行程である。

3) インジケータ線図によれば，シリンダ
内の（^{5}　　　）や（^{6}　　　）の圧
力は，ピストンの位置によって異なる。

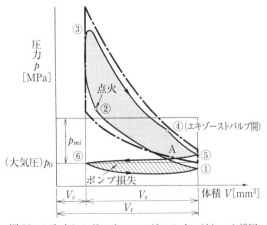

図 33 4 サイクルガソリンエンジンのインジケータ線図

4) インジケータ線図の中で，このエンジンの仕事は領域 A（7　　　　　）A の面積すなわち仕事 W_1[J]で表されるが，この仕事 W_1[J]のためには領域 A（8　　　　　）A の面積で表される（9　　　　　）とよばれる負の仕事 W_2[J]が必要である。このため，外部への仕事は $W_3 = W_1 - W_2$[J]となり，有効な仕事 W_3[J]を（10　　　　　）という。

（11　　　　　　　　）は，有効な仕事 W_3[J]を排気量 V_s[m³]で割った値 p_{mi}[MPa]で表し，この値から求めた出力を（12　　　　　）という。

5) 動力計で測定した（13　　　　　）から求めた仕事を正味仕事，動力を（14　　　　　）または正味動力といい，（15　　　　　）[MPa]，（16　　　　　）[g/(kW・h)]，（17　　　　　）[%]はこれらの値などから求める。

(2) 次の文は「実際のサイクル」について述べたものである。その内容が正しいものには○を，誤っているものには×を（　）内に記入せよ。

(1　　　) レシプロエンジンの機械効率が 85% ならば，正味仕事は，図示仕事の 0.85 倍になる。

(2　　　) 図示仕事や正味仕事は総排気量に比例するので，総排気量を 2 倍にすれば，これらの仕事も 2 倍になる。

(3　　　) 軸トルクは，正味平均有効圧力と総排気量に比例する。

(4　　　) 軸出力は，図示出力に比例する。

(5　　　) 軸出力は軸トルクに比例し，回転速度に反比例する。

(6　　　) 正味熱効率は，燃料消費率に比例する。

(7　　　) 図示平均有効圧力，総排気量，回転速度が同一のレシプロエンジンでは，4 サイクルエンジンの図示出力は，2 サイクルエンジンの 2 倍になる。

(3) 総排気量が 1.952 L の 4 サイクルエンジンの性能を，動力計などを用いて測定して得た結果を示す下の表を完成させて，性能曲線を完成させよ。なお，熱効率の算出のさいに用いる低位発熱量は 43 500 kJ/kg とせよ。

回転速度 n [min⁻¹]	軸トルク T_e [N・m]	軸出力 P_e [kW]	正味平均有効圧力 p_{me} [MPa]	燃料消費率 b [g/(kW・h)]	熱効率 η_e [%]
1 000	96	10	4	260	31.8
2 000	112	1	0.721	242	8
3 000	120	38	5	238	34.8
4 000	122	2	0.784	232	9
5 000	116	61	6	236	35.1
6 000	108	68	7	258	10
7 000	86	3	0.553	300	27.6

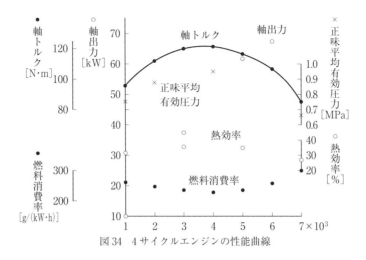

図34　4サイクルエンジンの性能曲線

3 各種の損失と熱勘定

(1)　次の文は「各種の損失と熱勘定」について述べたものである。文中の（　）内に適切な語を記入せよ。

　1)　シリンダ内で実際に発生した熱量と，供給された燃料が（1　　　　　）した場合に発生する熱量との比を（2　　　　　）という。

　2)　レシプロエンジンには，損失仕事と熱エネルギーの損失があり，（3　　　　　）損失と（4　　　）損失は損失仕事で，（5　　　）損失と（6　　　）損失は熱エネルギーの損失である。これらの損失などの配分割合を表した図を（7　　　　　）といい，供給した熱エネルギーの約 $\frac{1}{3}$ が（8　　　）損失として，また（9　　　）損失でも $\frac{1}{3}$ 弱を消費してしまう。

(2)　次の文は「各種の損失と熱勘定」について述べたものである。その内容が正しいものには○を，誤っているものには×を（　）内に記入せよ。

　(1　　　)　軽負荷時のガソリンエンジンの燃焼効率は，最大出力時に比べて劣る。

　(2　　　)　ガソリンエンジンのくさび形燃焼室は，ペントルーフ形燃焼室や半球形燃焼室に比べて，より高い燃焼効率が期待できる。

　(3　　　)　ポンプ損失を減少させるためには，バルブオーバラップを小さくするとよい。

　(4　　　)　排気損失を減少させるためには，エキゾーストバルブを開く時期をできるだけ早くするとよい。

　(5　　　)　冷却損失を減少させるためには，冷却しなくても済むように，高温に耐える素材でエンジンをつくるとよい。

　(6　　　)　機械損失を減少させるためには，じゅうぶんな潤滑を行うこと，また効率の高い冷却水ポンプやオイルポンプの採用，そして水や空気が流れやすい水ジャケットや冷却フィンなどの採用を進めるとよい。

6 ガスタービン （教科書 p. 180〜188）

1 ガスタービンの作動原理

(1) 次の文は「ガスタービンの作動原理」について述べたものである。文中の（　）内に適切な語を記入，あるいは（　）内の適切な語を選択せよ。

1) ガスタービンの基本的な構成を作動流体の流れの順に示すと，（1　　　），（2　　　），（3　　　）となる。

2) ガスタービンは，圧縮機で圧縮して圧力を高くした（4　　）を燃焼室に導いて，そこに噴射した燃料を（5　連続的・間欠的　）に燃焼させて高温・高圧の燃焼ガスをつくり，このガスを（6　　　）に当ててタービン翼車を回転させる内燃機関である。

3) レシプロエンジンの燃焼室を構成するシリンダ，（7　　　），インテークバルブ，エキゾーストバルブなどは燃料の燃焼によって高温にさらされるが，（8　　）行程では新気によって冷却される。これに対してガスタービンの燃焼器や（9　　　）はつねに高温にさらされるので，より高級な（10　　　）が必要になる。

4) 大出力のガスタービンは，高温のガスを大量に排出するので，（11　　　）サイクルや（12　　　）システムなどに適している。

(2) 次の文は「ガスタービンの作動原理」について述べたものである。その内容が正しいものには○を，誤っているものには×を（　）内に記入せよ。

(1　) ガスタービンの圧縮機はタービン翼車によって駆動されるので，圧縮機の性能は，ガスタービンの性能を大きく左右する。

(2　) ガスタービンは，往復運動部分がないのでトルクの変動がなく，回転が一様で，振動が少なく，しかも連続燃焼が行われるので，大出力が得やすいなどの特徴がある。

(3　) ガスタービンの燃料には，ガソリンを用いる。

(4　) ガスタービンの圧縮機には，容積形の圧縮機を用いることが多い。

(5　) ガスタービンの出力軸の回転速度は，通常 $1\,000〜6\,000$ min^{-1} 程度である。

2 ガスタービンのサイクル

(1) 次の文は「ガスタービンのサイクル」について述べたものである。文中の（　）内に適切な語を記入せよ。

1) オットーサイクルは（1　　　）エンジンの理想的なサイクルであるが，ガスタービンの理想的なサイクルは（2　　　）である。このサイクルの熱効率は，（3　　）の圧力比を大きくすると向上する。なお，このサイクルの定圧放熱を定容放熱に置き換えると（4　　）サイクル，すなわち（5　　　）エンジンの理想的なサイクルと同じ形になる。

2) ガスタービンでは，圧縮のさいの損失を低減するために（6　　　　　）を設けたり，排出ガスの熱エネルギーを有効に利用するために高圧タービンと低圧タービンの間に（7　　　）を設けて燃焼ガスを加熱したり，燃焼器に入る前の（8　　　）を予熱する（9　　　　　）などを設ける。このようなサイクルを（10　　　　　）サイクルという。

3 ガスタービンの構造

(1) 次の文は「ガスタービンの構造」について述べたものである。文中の（　）内に適切な語を記入せよ。

1) ガスタービンの性能に大きな影響を及ぼす圧縮機には，1段で大きな圧力比が得られる（1　　）圧縮機が用いられるが，大形のものには（2　　　　）圧縮機が用いられる。

2) 一般動力用のガスタービンには，二重の円筒からなる（3　　　　　）を1～10個くらい用い，航空機用エンジンでは（4　　　　）を用いることが多い。

3) 耐熱合金鋳物でつくられた（5　　　　　）の内部には，冷却のための空洞部が設けられている。

4) ガスタービンを始動するためには，高圧の空気を（6　　　）に送る必要があるので，圧縮機を（7　　　　）などで駆動し，自立運転に移行したのち，これを切り離す。

5) ガスタービンの出力などの制御は，（8　　　　）の調節で行い，停止はそれの供給停止によるのが一般的である。

4 航空用ガスタービン

(1) 次の文は「航空用ガスタービン」について述べたものである。文中の（　）内に適切な語を記入せよ。

1) 航空ガスタービンを出力の形式で分類すると，推力を得る方式には（1　　　　　）エンジンと（2　　　　）エンジンが，軸動力を得る方式には，（3　　　　　）エンジンが，推力と軸動力を得る方式には（4　　　　）エンジンが属す。

2) タービンを圧縮機の駆動にのみ用いるのは（5　　　　　）エンジンで，プロペラの駆動にも用いるのは（6　　　　）エンジンである。また，別に用意したタービンでファンを駆動するのは（7　　　　）エンジンで，ヘリコプタ回転翼を駆動するのは（8　　　　）エンジンである。

第4章 自動車

1 自動車の発達と社会 (教科書 p. 190〜197)

1 自動車の誕生と発達

(1) 次の文は「自動車の誕生と発達」について述べたものである。文中の（ ）内に適切な語を記入せよ。

1) こんにちの自動車用原動機の多くはガソリンエンジンなどの（1　　　　）であるが，これが実用化したのは（2　）世紀後半である。この新しい原動機を搭載した自動車が普及するまでの長い間，産業革命を推進したといわれる（3　　　　）が，鉱山，工場，鉄道車両などで利用され，アメリカでは（4　）年代まで自動車に搭載された。初めて自動車にこれを搭載したのは，（5　　　　）が大砲を載せるためにつくった（6　　　）で，（7　）年のことである。

2) （8　　）エンジンを改良したガソリンエンジンは，（9　　　）化が著しく進展したことや，石炭に比べて扱いやすい（10　　　　）を容易に入手できるようになったことなどから，（11　　　），イギリス，（12　　　）などでガソリン自動車の生産が始まった。そして，始動のための（13　　　）や（14　　　）を採用したトランスミッションにより（15　）が簡素化され，さらにさまざまな改良が続けられて今日に至っている。

3) 近年，モータで駆動する自動車が普及しつつあるが，その歴史は古く（16　）世紀前半には（17　　）を搭載した自動車がつくられていた。この自動車は（18　）や（19　　）が少なく，（20　）で走ることででき，しかも（21　）も容易であったが，（22　　）は走れないという短所があり，ヨーロッパでも（23　　）年代にはその生産が終わった。しかし，レシプロエンジンとモータを搭載した（24　　　　）自動車などが，再び注目を浴びている。

4) わが国では，（25　　　）製のガソリン自動車がはじめて登場した（26　）年後の1907年には，（27　）cc 約（28　）kW のガソリンエンジンを搭載した（29　　　　）がつくられた。また，アメリカ製の蒸気自動車が輸入販売された（30　）年後の1904年には，約（31　）kW の蒸気機関を搭載した（32　　　　）すなわちバスがつくられた。

2 自動車と社会

(1) 次の文は「自動車と社会」について述べたものである。文中の（ ）内に適切な語を記入せよ。

1) 2021年度末に保有されている自動車は（1　　　）万台を超え，その約75%は（2　　　）である。

2) 自動車が普及した理由には，（3　　　　）に応じたいろいろな自動車が選択できるこ

と，$(^4$ ）へ移送できることなどがある。しかし，$(^5$ ）の絶対数の増加と $(^6$ ）への集中が，2020 年現在，年間 $(^7$ ）件を越える交通事故，交通渋滞，年間 $(^8$ ）台に及ぶ使用済み自動車の処理，$(^9$ ）による大気汚染などさまざまな社会問題を誘発している。

3）　わが国の交通事故発生件数と死傷者数の推移に注目すると，死亡者数は $(^{10}$ ）年までは減少したが，その後 $(^{11}$ ）年間増加を続けたのち，減少してきた。一方，発生件数と負傷者数は，$(^{12}$ ）年と $(^{13}$ ）年以降増加していたが，交通環境の改善や自動車安全技術の進歩などで，近年は減少している。これらの事故の状況を分類すると，わが国では $(^{14}$ ）の交通事故死亡者が最も多く，次いで $(^{15}$ ），$(^{16}$ ），自転車乗車中の順であるが，$(^{17}$ ）では乗用車乗車中，二輪車乗車中，$(^{18}$ ），$(^{19}$ ）の順である。

4）　雪道などでの制動時には $(^{20}$ ）が作動してタイヤの $(^{21}$ ）を防ぎ，急なハンドル操作をしたときには $(^{22}$ ）が作動して車両の $(^{23}$ ）を修正したり維持したりする。

5）　衝突安全ボデーを採用した乗用車は，車室の前後に $(^{24}$ ）ゾーンを設けて，乗員に加わる衝撃を吸収させている。

6）　窒素酸化物の排出量の $(^{25}$ ）%，炭化水素の排出量の $(^{26}$ ）%，そして黒鉛を含むすすの粒子状物質の全量を排出するのは $(^{27}$ ）機関を搭載した自動車で，これらの排出量のいずれもが最多なのは，$(^{28}$ ）自動車である。しかし，ディーゼル自動車には，ガソリン自動車に比べて，$(^{29}$ ）の排出量が少ないという長所がある。

7）　2019 年現在，次世代自動車は 7 年間で約 $(^{30}$ ）台増加して約 $(^{31}$ ）倍になった。$(^{32}$ ）自動車は，7 年間で約 $(^{33}$ ）倍になり $(^{34}$ ）台増加した。プラグインハイブリッド車は，7 年間で約 7.8 倍になり $(^{35}$ ）台増加した。$(^{36}$ ）自動車は 7 年間で約 3.2 倍になり $(^{37}$ ）台増加した。

8）　道路交通の円滑化をはかるために，道路の立体化などの道路整備や $(^{38}$ ）の設置，一般道路や高速道路で交通情報を提供する $(^{39}$ ），高速道路などでのノンストップ料金支払いのための $(^{40}$ ）などを含めた ITS 化が進められている。

9）　自動車には，鉄鋼材料やアルミニウム合金などの $(^{41}$ ）材料，軽量化に有効な $(^{42}$ ）や，ゴム，繊維などの $(^{43}$ ）材料，触媒に使われる白金などの $(^{44}$ ）などさまざまな材料が使用されるが，こんにちでは，質量比で 1 台あたりこれらの材料の約 $(^{45}$ ）% はリサイクルされている。これらのうち $(^{46}$ ）は，地球温暖化など環境に悪い影響があるので，$(^{47}$ ）して無害化する。

2　自動車の構造と性能 （教科書 p. 198〜214）

1　自動車の構造

(1)　下に示すフロントエンジン後輪駆動式の乗用車の各部の名称を答えよ。

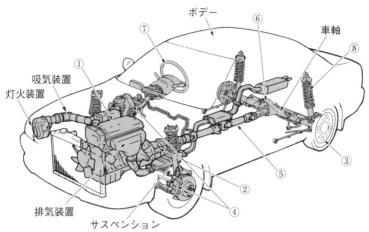

図35　フロントエンジン後輪駆動式の乗用車の構造

【語群】　サスペンション　　ステアリング装置　　ホイールおよびタイヤ　　エンジン
プロペラシャフト　　ブレーキ装置
ファイナルギヤおよびディファレンシャル
クラッチおよびトランスミッション

①（　　　　　）　②（　　　　　　　　　　　　　　）

③（　　　　　　　　　）　　④（　　　　　　　）　⑤（　　　　　　　　）

⑥（　　　　　　　　　　　　　　　）　　⑦（　　　　　　　　）

⑧（　　　　　　　）

(2)　次の文は「自動車の構造」について述べたものである。その内容が正しいものには○を，
誤っているものには×を（　）内に記入せよ。

(1　　　)　シャシフレームとボデーからなる乗用車に比べて，モノコックボデーの乗用車は軽
量化できる特徴がある。

(2　　　)　一般に，クラッチは，エンジンとトランスミッションの間に設置する。

(3　　　)　総輪駆動式の自動車では，プロペラシャフトと駆動輪の回転速度は等しい。

(4　　　)　ガソリン自動車ではトランスミッションが不可欠であるが，ハイブリッド車では不
要である。

2　動力特性

(1)　次の文は「動力特性」について述べたものである。文中の（　）内に適切な語を記入，あ
るいは（　）の適切な語を選択せよ。

1) 自動車用原動機に望まれる出力特性の一つは，(1　　　　　) にかかわりなく，いつでも (2　　　　　) を発揮できることである。

2) ガソリンエンジンやディーゼルエンジンは，小形軽量で (3　　　) が大きく，(4　　　) の補給が容易なので，自動車用原動機に適している。しかし，特定の (5　　　　) でだけ最大出力を示すので，動力伝達の途中にトランスミッションを組み込んで，(6　　　　) での動力特性を改善している。

3) 動力特性の改善を重視してトランスミッションを組み込む場合には，より段数の (7　多い・少ない　) トランスミッションが有効である。

(2)　下の表は，タイヤの半径を $r = 0.3\,\mathrm{m}$ とし，全減速比を6段階にかえたときの，走行速度と駆動軸における軸動力の関係を示したものである。この表を完成させたのち，これらの関係を表す線図を完成させよ。また，図中に，走行速度が $20\,\mathrm{km/h}$ 以上ならばいつでも発揮しうる軸動力の最大値（　）を求め，その値を示す線を記入せよ。

全減速比		14.7	11.2	7.8	5.3	3.98	3.31
回転速度 n [min^{-1}]	軸動力 P_e [kW]	走行速度 v_1 [km/h]	走行速度 v_2 [km/h]	走行速度 v_3 [km/h]	走行速度 v_4 [km/h]	走行速度 v_5 [km/h]	走行速度 v_6 [km/h]
1 000	10	8	1	15	7	28	34
1 500	23	12	2	22	8	43	51
2 000	38	15	3	29	9	57	68
2 500	51	19	4	36	10	71	85
3 000	61	23	5	44	11	85	103
3 500	68	27	6	51	12	99	120
4 000	63	31	40	58	85	114	137

最大値：(13　　　　)KW

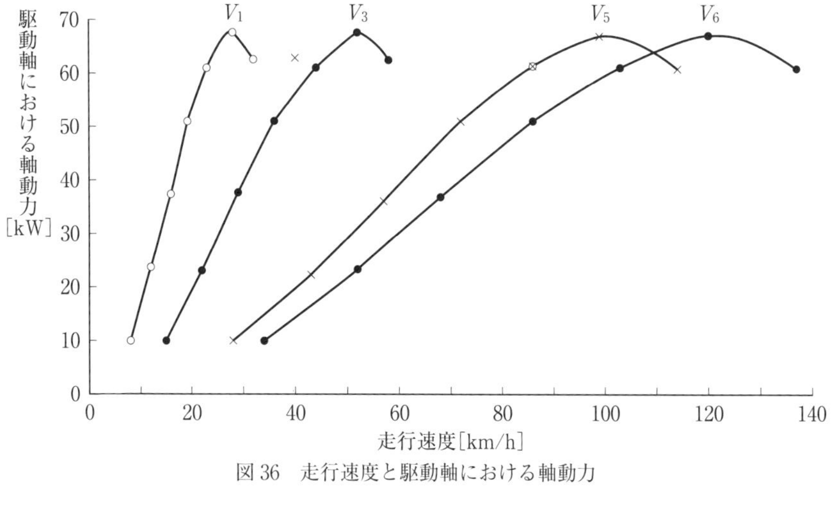

図36　走行速度と駆動軸における軸動力

(3) 　下の表は，タイヤの半径を $r = 0.3\,\text{m}$ とし，全減速比を6段階にかえたときの，走行速度と駆動力の関係を示したものである。この表を完成させたのち，これらの関係を表す線図を完成させよ。

全減速比		14.7		11.2		7.8		5.3		3.98		3.31	
回転速度 n $[\text{min}^{-1}]$	軸トルク T_e $[\text{N}\cdot\text{m}]$	走行速度 v_1 $[\text{km/h}]$	駆動力 F_1 $[\text{N}]$	走行速度 v_2 $[\text{km/h}]$	駆動力 F_2 $[\text{N}]$	走行速度 v_3 $[\text{km/h}]$	駆動力 F_3 $[\text{N}]$	走行速度 v_4 $[\text{km/h}]$	駆動力 F_4 $[\text{N}]$	走行速度 v_5 $[\text{km/h}]$	駆動力 F_5 $[\text{N}]$	走行速度 v_6 $[\text{km/h}]$	駆動力 F_6 $[\text{N}]$
1 000	10	8	490	10	373	[1]	[8]	21	177	28	133	34	110
1 500	23	12	1 127	15	859	[2]	[9]	32	406	43	305	51	254
2 000	38	15	1 862	20	1 419	[3]	[10]	43	671	57	504	68	419
2 500	51	19	2 499	25	1 904	[4]	[11]	53	901	71	677	85	563
3 000	61	23	2 989	30	2 277	[5]	[12]	64	1 078	85	809	103	673
3 500	68	27	3 332	35	2 539	[6]	[13]	75	1 201	99	902	120	750
4 000	63	31	3 087	40	2 352	[7]	[14]	85	1 113	114	836	137	695

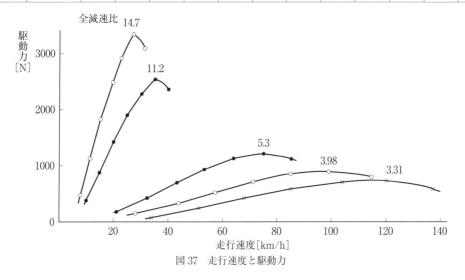

図37　走行速度と駆動力

3 走行性能

(1) 　次の文は「走行性能」について述べたものである。文中の（ 　）内に適切な語や数値を記入せよ。

　1) 　自動車が走行するためには，（1　　　　）よりも大きな駆動力が必要である。この駆動力を大きくするためにトランスミッションや（2　　　　）を設けたり，適切な大きさの（3　　　　）を選択する。しかし，（4　　　　）を越えた駆動力は，タイヤをスリップさせるだけでなく，走行の状況によってはタイヤの（5　　　　）を招くので，自動車の走行を不安定にさせることさえある。

　2) 　自動車の軽量化は，（6　　　　）抵抗や（7　　　）抵抗あるいは加速抵抗の低減に直結する。

3)　走行速度を 2 倍にすると空気抵抗は 4 倍に，3 倍にすると（8　　）倍に増加する。

4)　50 m 進むと 2 m 上がる坂道は，勾配（9　　）％と表示される。

(2)　下の走行性能線図を見て，文中の（　　）内に適切な数値を記入，あるいは（　　）内の適切な語を選択せよ。

1)　最高速度は，約（1　　）km/h である。

2)　最大登坂能力は，（2　　）速を用いたときに得られその値は（3　　）％で，速度は約（4　　）km/h である。

3)　50 km/h で走行しているときの余裕駆動力は，2 速使用時は約（5　　）kN，3 速使用時は約（6　　）kN，4 速使用時は約（7　　）kN である。したがって，この速度から大きな加速度を得るためには（8　　）速を使うとよい。

4)　1 速使用時の最低速度は，約（9　　）km/h なので，これより低い速度で走行するためにはクラッチ・トランスミッションの操作が不可欠である。

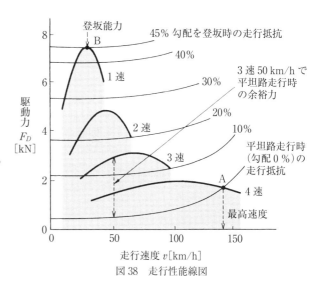

図 38　走行性能線図

4　制動性能

(1)　下の表は，空走時間を 1 秒としたときの，制動初速度と空走距離の関係を示したものである。この表を完成させたのち，これらの関係を表す線図を完成させよ。

制動初速度 v_0 [km/h]	空走距離 s_f [m]
20	6
40	1
60	2
80	3
100	28

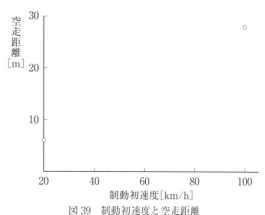

図 39　制動初速度と空走距離

(2)　下の表は，質量 1200 kg の自動車に，一定の制動力 5000 N を加え続けたときの制動初速
度と制動距離の関係を示したものである。この表を完成させたのち，これらの関係を表す線
図を完成させよ。

制動初速度 v_0 [km/h]	制動距離 s_B [m]
20	1
40	2
60	3
80	4
100	93

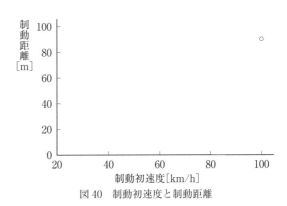

図40　制動初速度と制動距離

(3)　下の表は，質量 1200 kg の自動車の制動初速度と，ブレーキ装置による放熱エネルギーの
関係を示したものである。この表を完成させたのち，これらの関係を表す線図を完成させよ。

制動初速度 v_0 [km/h]	放熱エネルギー E_B [kJ]
20	1
40	2
60	3
80	4
100	463

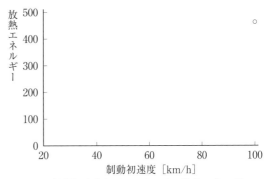

図41　制動初速度とブレーキによる放熱エネルギー

(4)　次の文は「制動性能」について述べたものである。文中の（　）内に適切な語を記入せよ。

1)　危険を察知した運転者が制動操作をしても，しばらくの間は（1　　　　）は作用していな
い。この間の時間を（2　　　）時間といい，およそ（3　　）秒程度といわれている。

2)　タイヤと路面との間に一定の制動力が働いている場合には，制動距離は自動車の
（4　　　）に比例し，（5　　　　　）の2乗に比例する。

3)　ブレーキ装置が放出すべき熱エネルギーは，自動車の（6　　　　）に比例し，
（7　　　　　）の2乗に比例する。

4)　ブレーキ装置が高温になると，制動部材が劣化して制動性能が低下する（8　　　　）現
象を生じることがある。

5　タイヤ特性

(1)　次の文は「タイヤ特性」について述べたものである。文中の（　）内に適切な語を記入せよ。

1)　搭載したガソリンエンジンで自動車を前進させるためには，駆動輪と路面との間で働く（1　　　　）が不可欠であり，自動車を前進させる力は，この力を越えることはできない。

2)　じゅうぶんな駆動力があっても，（2　　　　）が不足している場合には，駆動輪は空転してしまう。

3)　制動力は，（3　　　）によって生じるので，（4　　　　　）しているタイヤには生じない。

4)　制動力は，（5　　　　）が0.25付近で最大値を示すことが多いので，走行速度が50 km/hのときには，タイヤの周速度が（6　　　）km/hになるようにブレーキペダルを踏み込み，走行速度が40 km/hに下がったときには，タイヤの周速度が（7　　　）km/hになるようにブレーキペダルを踏み込むとよい。

5)　タイヤロックの状態，すなわち（8　　　　）が回転していないときには（9　　　　）が低下するとともに，かじ取り操作による自動車の（10　　　　　）の制御が不能になる。このため，タイヤロックの防止対策として，（11　　　　）ともよばれる（12　　　　　　　　）装置がある。

6)　走行中の自動車が進行方向を変えるためには，タイヤの（13　　　　）は不可欠である。

7)　タイヤと路面との間に働く摩擦力の限界を表したものを（14　　　　）といい，その（15　　　　）はタイヤの種類や材質，あるいはタイヤに加わる力や路面の状態などによって変化する。

(2)　次の文は「タイヤ特性」について述べたものである。その内容が正しいものには○を，誤っているものには×を（　）内に記入せよ。

(1　　)　自動車の軽量化は，摩擦力の減少に直結する。

(2　　)　駆動輪が空転したときには，駆動輪への荷重を増すとよい。

(3　　)　自動車が直進しているときには，サイドフォースは働くが，コーナリングフォースは働かない。

(4　　)　滑りやすい路面は摩擦円が小さいので，大きな旋回半径で曲がるのがよい。

(5　　)　自動車の旋回中に，ブレーキペダルを踏み込んでタイヤの制動力を大きくすると，それまでの旋回半径を維持するのが難しくなることがある。これは，制動力の増加にともなうコーナリングフォースの減少が原因である。

第5章 蒸気動力プラント

1 蒸気動力プラントのあらまし （教科書 p.216〜217）

(1) 次の文は「基本的な構成と原理」について述べたものである。文中の（ ）内に適切な語を記入，あるいは（ ）内の適切な語を選択せよ。

1) 蒸気動力プラントの作動流体には，イオン交換樹脂などで不純物を除去した（1　　　　　）を用いる。この流体は，給水ポンプ・（2　　　　）・（3　　　　）・（4　　　　）・（5　　　　）の順に循環する。流体はこの間に（6　　　　　）で加圧され，（7　　　　）・（8　　　　）で受熱してエンタルピーを大きくし，（9　　　　　）ではこの熱エネルギーを（10　　　　　）に変換する。（11　　　　）は，（12 液体・蒸気 ）になっていた動作流体を（13 液体・蒸気 ）に戻すためや，（14　　　　　　）での熱落差，すなわちより多くの熱エネルギーを（15　　　　　）で有効に利用できるようにするために，流体の熱エネルギーを（16 受熱・放出 ）する。

2) 作動流体であるボイラ水は，（17　　　　）に入る前は液体だが出るときには蒸気になり，（18　　　　）に入る前は蒸気だが出るときには液体に戻る。したがって，（19　　　　）や（20　　　　　　）の前後では蒸気のままである。また，（21　　　　　　）の前後でも液体のままである。しかし，その（22　　　），（23　　　），比体積，比エンタルピー，比エントロピーなどの（24　　　）は変化する。

3) ボイラは高い圧力で運転されるので，給水ポンプには遠心ポンプに分類される（25　　　　　　　　　）やインジェクタなどを用いる。

4) （26　　　），（27　　　），（28　　　）は，熱の授受を行う熱交換器なので，機械的な動作をする部分はない。

豆知識

蒸気動力プラントと蒸気機関車

蒸気機関車は，石炭などの燃料を火室で燃焼させ，その熱エネルギーをボイラ内の水に与えて蒸気をつくり，この蒸気をシリンダに導いてピストンを往復運動させて動輪を駆動している。しかし多くの蒸気機関車は，熱エネルギーの大部分を失った蒸気を循環せずに，外部に放出してしまう。したがって，教科書 p.216 図5-1 に示した基本的な蒸気動力プラントにおけるボイラ水のような循環は行われない。このような例の代表としてガスタービンがある。一般的なガスタービンは，タービン内で膨張した燃焼ガスを外部に放出しているが，この作動流体に必要な空気は大気から容易に供給できる。これに対して作動流体に水を利用する蒸気機関車では，下部には水を，上部には石炭を積載した炭水車（テンダー）を連結して，そこから補給しながら走っている。このように，作動流体を放出してしまうサイクルを，開放サイクルという。

2 水蒸気 （教科書 p. 218～223）

1 蒸気の発生

(1) 次の文は「蒸気の発生」について述べたものである。文中の（ ）内に適切な語を記入，あるいは（ ）内の適切な語を選択せよ。

1) 水蒸気のように容易に蒸発したり，凝縮して（1　　　　）になる気体を蒸気といい，空気のように液体にするのが容易でない気体を（2　　　　）という。

2) 少しでも加熱すると蒸発をはじめる状態にある水は（3　　　　）とよばれ，その温度を（4　　　　），圧力を（5　　　　）といい，その蒸気を（6　　　　）という。一方，（7　　　　）になるまで加熱してやらないと蒸発が始まらない水を（8　　　）という。

3) 圧力を一定に保ってボイラ水を加熱すると，圧縮水の状態にある水の（9　　　　）や（10　　　　）は増加する。しかし，飽和水や飽和蒸気の状態にある水は，（11　　　　）のみ増加し，（12　　　　）には変化が生じない。

4) ボイリングともよばれる（13　　　　）は，液体の（14　　　　）からも蒸発が起こる現象で，（15　　　　）をともなうので液面は激しく揺れる。

5) ボイラ内で蒸発が始まった直後，ボイラ内の蒸気は，蒸気とはいえそのほとんどは（16　　　　）である。しかし，加熱にともなって（17　　　　）の占める割合が増加し，やがて飽和水のすべてが（18　　　　）になる。飽和水と飽和蒸気が混在しているとき，その蒸気を（19　　　　）といい，飽和蒸気だけになったとき，その蒸気を（20　　　　）という。

6) 蒸気の乾き度が 0.42 の時には，1 kg あたり 0.42 kg の（21　　　　）と，0.58 kg の（22　　　　）があるということである。

7) 乾き飽和蒸気を加熱して，（23　　　）や（24　　　　）を増加させた蒸気を（25　　　　）といい，この蒸気と飽和蒸気との（26　　　）の差を過熱度という。

8) 飽和温度が高くなると，飽和水の比体積は（27　増加・減少　）し，乾き飽和蒸気の比体積は（28　増加・減少　）する。

9) 臨界点より低い（29　　　）や圧力で水を蒸発させるときには，必ず（30　　　　）の発生をともなう。しかし，臨界点より高い圧力での蒸発では，これを経ずに（31　　　　）からいきなり（32　　　　）になる。なお，これには超臨界圧ボイラを用いる。

(2) 次の文は「蒸気の発生」について述べたものである。その内容が正しいものには○を，誤っているものには×を（ ）内に記入せよ。

(1　　　) 加熱中のボイラ内の飽和水，湿り飽和蒸気，乾き飽和蒸気の温度は，すべて同じである。

(2　　　) ボイラ内の圧力を高くすると，水の飽和温度は高くなり，飽和圧力は低くなる。

(3　　　) 飽和温度が高くなると，水の蒸発潜熱は増加する。

(4　　　) 過熱器は，湿り飽和蒸気を乾き飽和蒸気にするための熱交換器である。

(5　　　) 臨界点では，飽和水と乾き飽和蒸気の比体積の値は同一である。

2 蒸気の性質

(1) 次の文は，温度が300℃で乾き度が0.86の湿り蒸気の状態量について述べたものである。文中の（　）内に適切な語や数値を記入せよ。

1) 飽和蒸気表（(^{1}　　　) 基準）によれば，300℃の飽和水の比体積は$v' = 1.40422 \times 10^{-3}$ m^3/kg，比エンタルピーは$h' = 1344.77$ kJ/kg，エントロピーは$s' = 3.25474$ kJ/(kg・K)，飽和蒸気の比体積は$v'' = 21.6631$ m^3/kg，蒸発潜熱は$r = (^2$　　　)kJ/kg である。

2) 乾き度が$x = 0.86$ なので，比体積v[m^3/kg]は，次の式にこれらの数値を入れて求める。

$$v = v' + x(v'' - v')$$
$$= (^3 \qquad) + ((^4 \quad)((^5 \quad) - (^6 \qquad)))$$
$$= (^7 \qquad) \text{m}^3/\text{kg}$$

答：比体積 $v = (^7 \qquad)$ m^3/kg

3) 乾き度が$x = 0.86$ なので，比エンタルピーh[kJ/kg]は，次の式にこれらの数値を入れて求める。

$$h = h' + xr$$
$$= (^8 \quad) + (^9 \quad) \times (^{10} \quad) = (^{11} \quad) \text{kJ/kg}$$

答：比エンタルピー $h = (^{11} \qquad)$ kJ/kg

4) 乾き度が$x = 0.86$，温度300℃すなわち$T_s = (^{12} \quad)$K なので，比エントロピーs[kJ/(kg・K)]は，次の式にこれらの数値を入れて求める。

$$s = s' + \frac{xr}{T_s}$$
$$= (^{13} \quad) + \frac{(^{14} \quad) \times (^{15} \quad)}{(^{16} \quad)} = (^{17} \quad) \text{kJ/(kg・K)}$$

答：比エントロピー $s = (^{17} \qquad)$ kJ/(kg・K)

(2) 次の文は「蒸気の性質」について述べたものである。文中の（　）内に適切な語や数値を記入せよ。

1) 100℃の水の飽和圧力は0.10142 MPaすなわち（^{1}　　　） kPaで，飽和水の比体積は（^{2}　　　） m^3/kg，比エンタルピーは（^{3}　　　） kJ/kg，比エントロピーは（^{4}　　　） kJ/(kg・K)，飽和蒸気のそれらの値はそれぞれ（^{5}　　　） m^3/kg，（^{6}　　　） kJ/kg，（^{7}　　　） kJ/(kg・K) である。また，1 MPaの水の飽和温度は

(8　　　　)℃すなわち (9　　　　) K で，飽和水の比体積は (10　　　　) m^3/kg，比エンタルピーは (11　　　) kJ/kg，比エントロピーは (12　　　) kJ/(kg・K)，飽和蒸気のそれらの値はそれぞれ (13　　　　) m^3/kg，(14　　　) kJ/kg，(15　　　) kJ/(kg・K) である。

2)　圧力 10 MPa，温度 300℃ の (16　　) 水の比体積は (17　　　　) m^3/kg，比エンタルピーは (18　　) kJ/kg，比エントロピーは (19　　) kJ/(kg・K) である。同じ圧力でも，温度 400℃ の (20　　) 蒸気の比体積は (21　　　) m^3/kg，比エンタルピーは (22　　) kJ/kg，比エントロピーは (23　　) kJ/(kg・K) である。

3)　水蒸気の h–s 線図によれば，圧力が 1 MPa で温度が 300℃ のときの蒸気は，比体積が約 (24　　) m^3/kg，比エンタルピーが約 (25　　) kJ/kg，比エントロピーが約 (26　　) kJ/(kg・K) の (27　　　) である。

4)　水蒸気の h–s 線図によれば，乾き度が 0.90，圧力が 0.1 MPa のときの (28　　) 蒸気の比体積は約 (29　　) m^3/kg，比エンタルピーは約 (30　　) kJ/kg，比エントロピーは約 (31　　) kJ/(kg・K) である。なお，この線図は (32　　) 線図ともよばれる。

豆知識

超臨界

　ボイラ内で水に熱を加えると，つまり一定の圧力のもとで加熱すると，圧縮水が飽和水になり，そして湿り飽和蒸気になり，やがて乾き飽和蒸気になるんでしたね。このときより高い圧力のもとで加熱すると蒸発潜熱が減少するんでしたよね。そして，蒸発潜熱が 0 になる圧力というのもありましたね。そしてこの圧力を臨界圧力，そのときの温度を臨界温度，この点を臨界点というんでしたね。臨界点では，飽和水と飽和蒸気の密度[kg/m^3]，言い換えると，比体積が同じ値 $3.105\,59 \times 10^{-3}\,m^3/kg$ になるんでしたね。

　ということは，臨界点にあるのは水なのかな？蒸気なのかな？

　下の物質の状態図によると，臨界点直下で圧力を一定に保って加熱した場合には蒸気に，直上で加熱した場合には超臨界流体になります。この流体は液体（水）とも気体（水蒸気）とも異なる性質を示すそうです。たとえば，少しの圧力変化で密度が大きく変化するそうです。水のこの性質を利用した技術には，フロン類の分解や薬品廃液の分解，廃タイヤのゴムからの油分の回収，また二酸化炭素のこの性質を利用したものに，コーヒー豆からのカフェインの除去などがあるそうです。超臨界！おもしろそうですね。

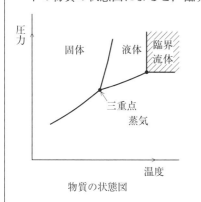

物質の状態図

3 ボイラ （教科書 p. 224〜246）

1 ボイラの概要

(1) 下に示す水管ボイラ各部の名称を答えよ。

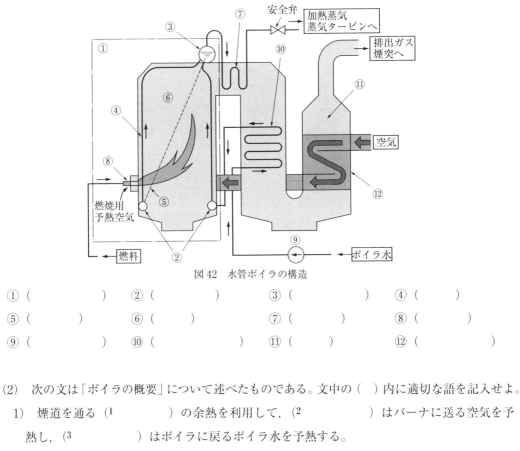

図42 水管ボイラの構造

① （　　　　　）　② （　　　　　）　③ （　　　　　）　④ （　　　　）

⑤ （　　　　）　⑥ （　　　　）　⑦ （　　　　）　⑧ （　　　　）

⑨ （　　　　）　⑩ （　　　　）　⑪ （　　　　）　⑫ （　　　　　）

(2) 次の文は「ボイラの概要」について述べたものである。文中の（　）内に適切な語を記入せよ。

1) 煙道を通る（1　　　　　）の余熱を利用して，（2　　　　　）はバーナに送る空気を予熱し，（3　　　　　）はボイラに戻るボイラ水を予熱する。

2) バーナ燃焼装置は，重油などの（4　　）燃料や天然ガスなどの（5　　）燃料あるいは石炭を細かく砕いてつくった（6　　）燃料などを（7　　）内に吹き込んで，空気とよく混合させて燃焼させる。流動層燃焼装置は，（8　　）に設けた燃焼装置内の（9　　）板の上に（10　　）状にした（11　　）燃料を載せ，この板の下から（12　　）を吹き込んで，燃料を（13　　　）化させて，空気とよく混合させて燃焼させる。

3) 火炉で熱を発生させるためには，じゅうぶんな通風が不可欠である。これには（14　　）の作用を利用する自然通風と，（15　　）や（16　　）を併用してその効果を高める強制通風がある。

4) 燃焼ガスに含まれる比較的大きなばいじん粒子は（17　　　　　）で，微細なそれは（18　　　　　）で回収する。

5) ボイラには，つねに本体容積の70〜80% 程度を（19　　）が占めるように，ボイラ水を（20　　　　）で給水して運転する。

2　ボイラの種類

(1)　次の文は「ボイラの種類」について述べたものである。文中の（　）内に適切な語を記入，あるいは（　）内の適切な語を選択せよ。

　　1)　ボイラを使途によって分けると，火力発電に用いる（1　　　　　）ボイラ，工場での作業や加熱に用いる（2　　　　）ボイラ，建物などの暖房に用いる（3　　　　）ボイラ，形状などに工夫を凝らして船舶に搭載できるようにした（4　　　）ボイラなどに分けられる。また，本体の構造や作動流体の種類などからは，大きな直径のボイラ胴をもつ（5　　）ボイラ，細い水管を用いた（6　　　）ボイラ，一般的なボイラとは異なる熱源や加熱方法あるいは作動流体を用いる（7　　　）ボイラなどに分けられる。

　　2)　丸ボイラには，直径の大きなボイラ胴の中に火炉をもつ（8　　　）ボイラ，ボイラ胴を垂直に立てて占有面積を減少させた（9　　　）ボイラ，ボイラ胴の内部に燃焼ガスを通す管を設けて伝熱面積を増やした（10　　）ボイラなどがある。これらのボイラは（11　　　　）の影響を受けにくいが，（12　　　　）の直径が大きいので，低圧・小容量の（13　　　）ボイラや工業用ボイラとして使われることが多い。また，このボイラには，設置場所での組立が容易な（14　　　　　）も多い。

　　3)　水管ボイラには，自然対流によってボイラ水を循環させる（15　　　　）ボイラ，ポンプによって循環させる（16　　　　）ボイラ，臨界圧以上のボイラには必須の（17　　）ボイラなどがある。これらのボイラは（18　太い・細い　）水管を用いるので，高圧に耐え，大容量化が可能である。また，水管を（19　　　　）として用いるので，（20　　　　）をじゅうぶんに吸収させることができる。これらのために，水管ボイラは大形の（21　　　）ボイラとして使われることが多い。

　　4)　水管ボイラのうち，（22　　　　）ボイラは，比較的構造が簡単だが，要求圧力に応じて火炉が高くなる。一方，ボイラ胴がなく，ボイラ内でのボイラ水の循環が不要な（23　　）ボイラは，（24　　　　）が著しく少ないので，短い時間で定常運転に移行できる。しかし，（25　　　）への対応には迅速な制御が要求される。

3　ボイラの燃料と燃焼

(1)　次の文は「ボイラの燃料と燃焼」について述べたものである。文中の（　）内に適切な語や数値を記入せよ。

　　1)　固体や液体の燃料が完全燃焼したときには，28×10^3 kJ/kg，42×10^3 kJ/kg のように（1　　　　　）あたりの発熱量で，気体燃料の場合には 52×10^3 kJ/m^3_N のように標準状態（2　　　　　　）における（3　　　　）あたりの発熱量で表す。

　　2)　燃焼効率が 96.8% といわれている燃焼装置で，低位発熱量 54.2×10^3 kJ/m^3_N の液化天然ガスを燃焼させたときの発熱量は，（4　　　　　　　）である。

3） 天然ガスを，（5　　　　）で液化し，輸送などのために体積を小さくした燃料を
（6　　　　）という。

4） 空気比を 1.05 程度にした燃焼方式を（7　　　　）という。

(2)　次の文は「ボイラの燃料と燃焼」について述べたものである。その内容が正しいものには
○を，誤っているものには×を（　）内に記入せよ。

(1　　)　気体燃料は，流動層燃焼に適している。

(2　　)　固体燃料は，大気汚染物質の排出が少ない。

(3　　)　液化天然ガス（LNG）は，熱を加えて気体に戻してからバーナで燃焼させる。

(4　　)　高位発熱量は，「燃料中の水分や成分中の水素によって生じた燃焼ガス中の水分が，
すべて蒸気になった」と考えたときの発熱量である。

(5　　)　一般に，固体燃料を完全燃焼させるのに必要な理論上の空気の量（理論空気量）は，
液体燃料のそれに比べて少ない。

(6　　)　火炉熱発生率[kJ/(m³・h)]と燃焼量[kg/h]が同じ場合には，重油を燃やす火炉は，
コークスを燃やす火炉よりも小形化，すなわち容積を小さくすることができる。

(7　　)　空気比を大きくすると，排出ガスの量が増加して，煙突から逃げる熱エネルギーが
多くなるので，通常はこの値が 0.95 程度にして運転する。

4　ボイラの伝熱

(1)　次の文は「ボイラの伝熱」について述べたものである。文中の（　）内に適切な語を記入
せよ。

炉筒煙管ボイラでは，（1　　）で発生させた燃焼ガスの熱エネルギーを，（2　　　　）や
煙管などの（3　　）を通して水に伝え，蒸気を発生させる。この蒸気は（4　　　）か
ら外部に出され，（5　　　　）によって再びボイラ内部に戻る。このとき，（6　　）内の燃
焼ガスの温度は一様ではないので，燃焼ガスは炉内で（7　　）する。また，燃焼にともなっ
て放射された電磁波は，炉内の空気や伝熱面などに吸収されると（8　　　　）に戻り，
それらの温度を上昇させる。このような現象を（9　　）という。これらの現象によって表
面の温度が上昇した伝熱面の熱エネルギーは，（10　　　）によってボイラ水に伝えられる。
この様子を子細に観察すると，伝熱面の表面付近には（11　　　）とよばれる薄い層が発
生して熱エネルギーの移動が行われており，このような熱移動を（12　　）という。ボイラ
では，炉筒や煙管あるいは（13　　）を介して，燃焼ガスの熱エネルギーを水に伝える。この
ように，（14　　）をへだてて，一方の高温流体から他方の低温流体に伝熱が行われる現象
を（15　　）という。

(2) 次の文は「ボイラの伝熱」について述べたものである。その内容が正しいものには○を，誤っているものには×を（　）内に記入せよ。

(1　　　) 伝熱には，熱放射・対流・熱伝達があり，ボイラなどでは，これらが同時に起こることが多い。

(2　　　) 熱伝導率は，伝熱面の厚さによって定まる値である。

(3　　　) 熱伝達率は，物質の種類によって定まる値である。

(4　　　) 貫流ボイラの水管の板厚を薄くすると，熱流束は小さくなる。

(5　　　) ボイラ内で飽和蒸気が発生しているとき，燃焼ガスの温度を高くすると，熱流束は大きくなる。

(6　　　) 水管ボイラの水管の板厚を薄くすると，熱通過率は大きくなる。

(3) 次の文は，石炭を燃やして発生させた 860℃ の燃焼ガスによって，ゲージ圧 0.55 MPa の乾き飽和蒸気を発生させる伝熱面積 420 m² の放射ボイラの熱流束の総量を求めたものである。文中の（　）内に適切な語や数値を記入せよ。

1) 蒸気の圧力 0.55 MPa はゲージ圧で示されているので，これを絶対圧力に置き換えてから，この飽和蒸気の温度を (1　　　　　) から求める。しかし，今回は大気圧が示されていないので，この値を標準大気圧 (2　　　) MPa とすると，蒸気の絶対圧力は (3　　　) MPa となる。そこで，圧力基準の蒸気表から 0.6 MPa の飽和温度 (4　　　) ℃ と 0.7 MPa の飽和温度 (5　　　) ℃ を求め，これらの値を比例配分して，蒸気の飽和温度すなわち低温流体の温度を求めると t_{II} = (6　　　)℃ となる。

2) 熱流束の総量 Q[kW]は，熱通過率を $K = 1.72\ \mathrm{W/(m^2 \cdot K)}$ として，高温流体の温度 t_{I}[℃]，低温流体の温度 t_{II}[℃]，伝熱面積 A[m²]の値を次の式に入れて求める。

$$Q = Aq = AK(t_{\mathrm{I}} - t_{\mathrm{II}})$$
$$= (7\quad\quad) \times 1.72 \times ((8\quad\quad) - (9\quad\quad)) = (10\quad\quad\quad)\mathrm{W} = (11\quad\quad)\mathrm{kW}$$

答：熱流束の総量 Q = (11　　　)kW

5 ボイラの容量と性能

(1) 次の文は「ボイラの容量と性能」について述べたものである。文中の（　）内に適切な語を記入せよ。

1) ボイラの容量は，一般に定格容量，すなわち連続最大負荷における 1 時間あたりの (1　　　　　　　)[kg/h]で表すが，(2　　　　　　　)[t/h]，(3　　　　　　　)[m²]などで表すこともある。

2) ボイラの性能は，(4　　　　　　　)[kJ/(m³・h)]，伝熱面蒸発率と (5　　　　　　　) [kg/(m²・h)]，(6　　　　　　　)[％]，(7　　　　　　　) などで表す。

(2) 次の文は，エコノマイザ前後の給水のエンタルピーがそれぞれ 84 kJ/kg，170 kJ/kg，過熱器前後の蒸気のエンタルピーがそれぞれ 2750 kJ/kg，3200 kJ/kg，実際の蒸発量が 2040 t/h，伝熱面積が 1800 m² のボイラを，低位発熱量 42×10³kJ/kg の重油を 1 時間あたり 172 t 用いて運転したときのボイラの容量と性能を求めたものである。文中の（ ）内に適切な語や数値を記入せよ。

1) 換算蒸発量，すなわち 100℃ の $^{(1\quad)}$ を，$^{(2\quad)}$ にするのに必要な熱量を用いた基準状態に換算した蒸発量 G_e[t/h] は，次の式に数値を入れて求める。

$$G_e = \frac{G(h_2 - h_1)}{2\,256} = \frac{^{(3\quad)} \times ((^{(4\quad)}) - ^{(5\quad)}))}{2\,256} = {}^{(6\quad)} \text{ t/h}$$

答：換算蒸発量 $G_e = {}^{(6\quad)}$ t/h

2) 伝熱面蒸発率 ε[kg/(m²·h)] は，次の式に数値を入れて求める。

$$\varepsilon = \frac{G}{A} = \frac{^{(7\quad)}}{^{(8\quad)}} = {}^{(9\quad)} \text{ kg/(m}^2\cdot\text{h)}$$

答：$\varepsilon = {}^{(9\quad)}$ kg/(m²·h)

3) 伝熱面換算蒸発率 ε_e[kg/(m²·h)] は，次の式に数値を入れて求める。

$$\varepsilon_e = \frac{G(h_x - h_e)}{2\,256\,A}$$

$$= \frac{^{(10\quad)} \times ((^{(11\quad)}) - ^{(12\quad)}))}{2\,256 \times ^{(13\quad)}} = {}^{(14\quad)} \text{ kg/(m}^2\cdot\text{h)}$$

答：伝熱面換算蒸発率 $\varepsilon_e = {}^{(14\quad)}$ kg/(m²·h)

4) 伝熱面熱負荷 ε_t[kJ/(m²·h)] は，次の式に数値を入れて求める。

$$\varepsilon_t = \frac{G(h_x - h_e)}{A}$$

$$= \frac{^{(15\quad)} \times ((^{(16\quad)}) - ^{(17\quad)}))}{^{(18\quad)}} = {}^{(19\quad)} \text{ kJ/(m}^2\cdot\text{h)}$$

答：伝熱面熱負荷 $\varepsilon_t = {}^{(19\quad)}$ kJ/(m²·h)

5) ボイラ効率 η_b[%] は，次の式に数値を入れて求める。

$$\eta_b = \frac{2\,256\,G_e}{G_f H_l} \times 100$$

$$= \frac{2\,256 \times ^{(20\quad)}}{^{(21\quad)} \times ^{(22\quad)}} \times 100 = {}^{(23\quad)} \text{ %}$$

答：ボイラ効率 $\eta_b = {}^{(23\quad)}$ %

6) 換算蒸発倍数は，次の式に数値を入れて求める。

$$換算蒸発倍数 = \frac{G_e}{G_f} = \frac{^{(24\quad)}}{^{(25\quad)}} = 16.38$$

答：換算蒸発倍数は 16.38

─ 豆知識 ─

地域冷暖房

1970年の大阪万博会場にはじめて導入されたのち全国各地に広がり，その後低迷期間があったが，1980年代後半に首都圏各地での導入を中心に再び活性化し，2012年3月現在では地域冷暖房にかかる熱供給事業法適用地区数は144地区となっている。

6 ボイラの運転と環境対策

(1) 次の文は「ボイラの運転と環境」について述べたものである。文中の（ ）内に適切な語を記入せよ。

1) ボイラを取り扱う場合には，(1　　　　　　　　　)や(2　　　　　　)法などの関係法令に従わなければならない。

2) 蒸気使用量の急増やボイラ水位の異常な上昇は，(3　　　　　　)の一因である。

3) 不純物を含むボイラ水は，(4　　　　　　)の一因である。

4) 発生した蒸気とともに，水分や不純物などが主蒸気弁から外部に送り出される現象を(5　　　　　)といい，これは(6　　　　　)を誘発する原因の一つである。

5) 水管や煙管に(7　　　　)が固着したり，ドラムの底部に(8　　　　)がたい積すると，水管などの(9　　　)やつまり，あるいは(10　　　　)の低下などさまざまな不都合が生じる。

6) ボイラの排出ガスの成分などは，使用する(11　　)とその(12　　)方法，あるいは運転条件などによって異なるので，これらの変更や最適化などによって対応している。また，硫黄酸化物の除去に用いる(13　　　)装置，窒素酸化物の除去に用いる(14　　　　)装置，ばいじんの捕集に用いる(15　　　)装置などで対応している。

(2) 次の文は「ボイラの運転と環境」について述べたものである。その内容が正しいものには○を，誤っているものには×を（ ）内に記入せよ。

(1　) プライミングは，曲管式水管ボイラの水ドラムで発生しやすい。

(2　) フォーミングは，ボイラ水の沸騰にともなって蒸気ドラムで発生する。

(3　) スケールは，炭酸カルシウムなどを含むボイラ水の使用が一因である。

(4　) 一般に，ボイラ水には水道水を用いる。

(5　) 強制循環ボイラでは，ボイラ胴内の水位や蒸気の圧力，あるいは火炉内の圧力などを計測して制御する。

(6　) 燃料の節約は，排出ガス量の削減に直結する。

(7　) 高い煙突は，自然通風や排煙の拡散に有効である。

4 原子炉 （教科書 p. 247〜256）

1 原子炉の原理と構造

(1) 次の文は「原子炉の原理と構造」について述べたものである。文中の（ ）内に適切な語を記入せよ。

1) 動力用の原子炉は，(^{1}　　　　）235 のような分裂しやすい原子核をもつ物質の原子核に（^{2}　　　　）を吸収させ，この原子核の分裂にともなって発生する（^{3}　　　　　）を利用して高温高圧の水蒸気を発生させる装置である。原子炉で発生した水蒸気は，（^{4}　　　　）に導かれ，機械的仕事に変換される。

2) 核分裂の（^{5}　　　　）を起こした炉心では，大量の熱エネルギーとともに，セシウム，ストロンチウムなどのさまざまな（^{6}　　　　）を発生させる。

3) 動力用の原子炉には，（^{7}　　　　　）（PWR）と，（^{8}　　　　　　）（BWR）がある。

4) PWR の炉心には（^{9}　　　　）が，蒸気の発生には（^{10}　　　　　）が不可欠である。

5) 核燃料は，濃縮ウランなどを成形・焼結して（^{11}　　　　　）に加工したのち，（^{12}　　　　）に入れて密封する。これを燃料棒といい，原子炉には，多数の燃料棒を細長い筒に納めた（^{13}　　　　　）を多数装入する。

6) （^{14}　　　　）に用いる軽水などは，核分裂によって生じる（^{15}　　　　　）を，反応につごうのよい（^{16}　　　　）に変える働きがある。

7) 核分裂の連鎖反応の制御には，（^{17}　　　　）を吸収しやすいカドミウムなどでつくった（^{18}　　　　）を用いる。

(2) 次の文は「原子炉の原理と構造」について述べたものである。その内容が正しいものには○を，誤っているものには×を（ ）内に記入せよ。

（^{1}　　　）BWR の炉心の圧力は，PWR の炉心の圧力より高い。

（^{2}　　　）PWR の炉心で発生するのは高温・高圧の水で，BWR の炉心で発生するのは高温・高圧の蒸気である。

（^{3}　　　）BWR では，冷却材として働く一次冷却水と，タービンを駆動する二次冷却水は完全に分離されている。

（^{4}　　　）PWR の冷却材は，タービンを駆動する。

（^{5}　　　）BWR の圧力容器内には，気水分離器や蒸気乾燥器を圧力容器内に設ける。

（^{6}　　　）制御棒の挿入は，BWR では圧力容器の上部から行う。

（^{7}　　　）PWR では，復水は炉心には入らないが，BWR では入る。

2 原子炉の運転

(1) 次の文は「原子炉の運転」について述べたものである。文中の（ ）内に適切な語を記入せよ。

1) あらかじめ炉心に挿入した（1　　　　）を徐々に引き抜くと，これに吸収される中性子の量が減少する一方，（2　　　　）に吸収される中性子が増えるので，やがて核分裂の（3　　　　）が始まって，原子炉が起動される。再びこれを挿入すると，やがて停止する。

2) 原子炉を安定した状態すなわち（4　　）状態で運転するためには，炉心に挿入する燃料棒の（5　　）や数量を（6　　　　）で調節する。

3) 原子炉は，頻繁な起動・停止および出力調整などを行わずに（7　　　　）で連続運転する。このため，運転時間の経過にともなって燃料の（8　　）が変化する。そこで，（9　　）では運転時間に応じてほう酸濃度を下げて制御し，（10　　）では冷却材の再循環量の増減によって制御する。

4) 原子炉に異常が発生した場合には，すべての（11　　　　）を急速に挿入する。また，炉内の（12　　）が下がって燃料棒を損傷する可能性がある場合には，大量の（13　　　）や（14　　　　）を炉心に注入して，（15　　　　）を冷やす非常用炉心冷却系を作動させる。

3 環境・安全対策

(1) 次の文は「環境対策」について述べたものである。文中の（ ）内に適切な語を記入せよ。

1) 放射性物質が放出する α 線・β 線・γ 線・X 線・（1　　　　）などの放射線には，物質を構成している原子の中から電子をはじき出す（2　　　　），蛍光物質から光を放射させる（3　　　　）や，物質を透過する透過作用がある。

2) β 線は薄い（4　　　　　）を透過できず，身体の深くまで到達する γ 線や X 線は厚い（5　　　）は透過できない。また，厚い鉛板も透過する中性子は（6　　　）は透過できないので，放射線に応じた遮蔽対策を取る。

3) 放射性物質が放射線を放出する性質を（7　　　）といい，その強さは（8　　　　）[Bq]で表す。また，物質が吸収した放射線の量を（9　　　　）といい（10　　　）[Gy]で表し，生物への影響を考慮して表す放射線の量を（11　　　　）といい（12　　　　）[Sv]で表す。

4) 原子炉の運転にともなって生成するクリプトンなどの放射性物質は，（13　　　　　）や（14　　　　）の中に閉じこめられる。

5) 弁などのわずかなすきまから漏出する（15　　　　）を含めて，運転中の発電所から放出される放射性物質により，公衆が受ける線量当量の目標値は，1年あたり（16　　　）と定められている。

5 蒸気タービン （教科書 p. 257〜270）

1 蒸気タービンの原理と構造

(1) 次の文は「蒸気タービンの原理と構造」について述べたものである。文中の（ ）内に適切な語を記入、あるいは（ ）内の適切な語を選択せよ。

1) 蒸気タービンでは（1　　　　）と（2　　　　），あるいは静翼と動翼の一組が基本的な要素となり、これを（3　　　）といい、これには、おもに衝動作用を利用する（4　　　　）と、反動作用を利用する（5　　　　）がある。

2) 多段式蒸気タービンでは、軸方向の力を相殺するように（6　　　　　　　　）をレイアウトする。

3) 通常、蒸気タービンは、負荷の変動にかかわらず所定の回転速度を保って運転する。このための供給蒸気量の調節法には、（7　　　　　　　　）や（8　　　　　　　　）がある。

(2) 次の文は「蒸気タービンの原理と構造」について述べたものである。その内容が正しいものには○を、誤っているものには×を（ ）内に記入せよ。

(1　　　) 衝動段の動翼の蒸気速度は、入口側より出口側の方がはやい。

(2　　　) ノズルとディフューザを組み合わせたような形の末広ノズルは、先細ノズルより大きな噴出速度が要求される場合に適している。

(3　　　) 多段式蒸気タービンでは、後段に行くほど蒸気の流路面積を大きくする。

(4　　　) ノズル締切調速法では、負荷が小さい間は、一部のノズルへの蒸気の送給を止める。

(5　　　) 多段式蒸気タービンの場合には、過熱器から供給された蒸気は、高圧部、中圧部、低圧部の順に流れて膨張する。

2 蒸気の作用と仕事

(1) 次の文は「ノズル内の蒸気の流れ」について述べたものである。文中の（ ）内に適切な語や数値を記入せよ。

1) ノズルにおける蒸気の理想的な流れは、外部との間に熱の（1　　　　）や、外部に対する（2　　　）がなく、摩擦などの（3　　　　　　）がない流れである。この状態にあるノズル入口と出口のエンタルピーの差を（4　　　　　）[J/kg]といい、蒸気タービンで利用できるエネルギーは、この値を越えることはできない。

2) 水蒸気の h–s 線図から圧力 3 MPa，温度 600℃の過熱蒸気のエンタルピーを求めると、その値は（5　　　）kJ/kg で、この蒸気がノズルで圧力 0.02 MPa まで断熱膨張したときのエンタルピーは（6　　　）kJ/kg である。したがって、（7　　　　　　）は $h_{ad} = 1200$ kJ/kg である。

3) このときの蒸気の量が $G = 8\,400$ kg/h とすると，損失のない理想的な蒸気タービンの出力 P[W]は，次の式に数値を入れて求めることができる。

$$P = \frac{G h_{ad}}{3\,600} = \frac{(^8\qquad) \times (^9\qquad)}{3\,600} = (^{10}\qquad) \text{kW}$$

4) 一般に，ノズル入口における蒸気の速度は遅いので，その値を 0 m/s とすると，ノズル出口の蒸気の速度 c_2[m/s]は，次の式で求めることができる。

$$c_2 = \sqrt{2\,h_{ad}} = \sqrt{(2 \times {}^{11}\qquad)} = (^{12}\qquad) \text{m/s}$$

3 各種の蒸気タービン

(1) 次の文は「各種の蒸気タービン」について述べたものである。文中の（ ）内に適切な語を記入せよ。

1) 蒸気タービンには，(^{1}　　　　　）タービンともよばれる単式タービンがあるが，広く使われているのは（^{2}　　　　）タービンともよばれる速度複式タービン，（^{3}　　　　）タービンあるいはツェリータービンなどともよばれる圧力複式タービンなどの衝動タービン，および（^{4}　　　　）タービンともよばれる軸流反動タービン，そしてこれらを組み合わせた（^{5}　　）タービンなどである。

2) 速度複式タービンの初段には（^{6}　　　）と動翼が，2 列目以降には（^{7}　　　）と動翼を設ける。

3) 圧力複式タービンは，各段ごとに（^{8}　　）が低下するので，各段の間には（^{9}　　　）が必要である。

4) 軸流反動タービンの動翼には（^{10}　　　）の働きがあるので，軸方向の力が発生する。このため，（^{11}　　　　　）を設けて，スラスト軸受に加わる力を減らす。

5) 混式タービンの高圧部には（^{12}　　　）タービンを，低圧部には（^{13}　　　）タービンや（^{14}　　　）タービンを用いることが多い。

(2) 次の文は「各種の蒸気タービン」について述べたものである。その内容が正しいものには○を，誤っているものには×を（ ）内に記入せよ。

(^{1}　　） 初段のノズルで著しい圧力降下を示すが，その後は圧力が一定なのは速度複式タービンである。

(^{2}　　） 速度複式タービンの案内翼は，蒸気の流れの向きを変える働きがある。

(^{3}　　） 圧力複式タービンの各段は，すべてノズルと動翼の組み合わせである。

(^{4}　　） 軸流反動タービンの各段の静翼と動翼は，同一断面形状である。

(^{5}　　） 衝動タービンに比べて，軸流反動タービンは，蒸気速度が変化しても，熱エネルギーを有効に利用することができる特徴がある。

(3)　次の文は，衝動段に質量流量 $G = 260$ kg/s の蒸気が流入し，出口の角度が $\alpha_1 = 15°$ のノズルから絶対速度 $c_1 = 1040$ m/s で噴出し，動翼を周速度 $u = 320$ m/s で回転させたのち，角度 $\alpha_2 = 42°$ の方向に絶対速度 $c_2 = 470$ m/s で流出したときの，蒸気が動翼の羽根におよぼす力や出力の求め方について述べたものである。文中の（　）内に適切な語や数値を記入，あるいは（　）内の適切な語を選択せよ。

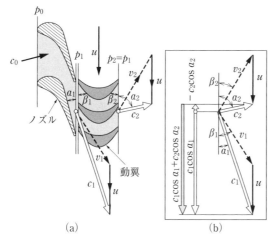

図43　衝動段の蒸気の流れと速度線図

1)　図中の速度のベクトル c_1, v_1, u は蒸気の（^{1}　衝動力・反動力 ）による速度三角形を，c_2, v_2, u は蒸気の（^{2}　衝動力・反動力 ）による速度三角形を表している。

2)　この蒸気が動翼の羽根におよぼす力 F[N]は，次の式で求められる。

$$F = G(c_1 \cos \alpha_1 - c_2 \cos \alpha_2)$$
$$= 260 \times ((^3\quad\quad)\cos(^4\quad) - (^5\quad\quad)\cos(^6\quad))$$
$$= (^7\quad\quad\quad)\text{N} = (^8\quad\quad)\text{kN}$$

3)　出力 P[MW]は，次の式で求められる。

$$P = Fu = (^9\quad\quad\quad) \times (^{10}\quad\quad) = (^{11}\quad\quad)\text{W} = (^{12}\quad\quad)\text{MW}$$

4)　周辺仕事すなわち（$^{13}\quad\quad\quad$　） w_c[kJ/kg]は，次の式で求められる。

$$w_c = \frac{P}{G} = \frac{(^{14}\quad\quad\quad)}{(^{15}\quad\quad)} = (^{16}\quad\quad\quad)\text{J/kg} = (^{17}\quad\quad)\text{kJ/kg}$$

5)　断熱熱落差が $h_{ad} = 288$ kJ/kg のときの，周辺効率すなわち（$^{18}\quad\quad\quad\quad$　） η_c[%]は，次の式で求められる。

$$\eta_c = \frac{w_c}{h_{ad}} \times 100 = \frac{(^{19}\quad\quad\quad)}{(^{20}\quad\quad)} \times 100 = (^{21}\quad\quad)\text{\%}$$

6)　速度比 $\dfrac{u}{c_1}$ は，次の式で求められる。

$$\frac{u}{c_1} = \frac{(^{22}\quad\quad\quad)}{(^{23}\quad\quad)} = (^{24}\quad\quad)$$

4 蒸気タービンの性能

(1) 次の文は「蒸気タービンの性能」について述べたものである。文中の（　）内に適切な語を記入せよ。

1) 蒸気タービンの性能は，出力，タービン入口蒸気の（1　　　　）や（2　　　　），タービン出口蒸気の（3　　　　），抽気段数，効率，および熱消費率などで表す。

2) 損失のない理想的な蒸気タービンで得られる仕事は，（4　　　　　　）に等しいが，実際にはノズルや（5　　　　）での損失，蒸気の湿りや（6　　　　）による損失，外部への（7　　　　）による損失，（8　　　　）での摩擦損失などがあるので，これらの損失を除いた値が（9　　　　　）となる。

3) 有効仕事が $w_e = 1248$ kJ/kg のとき，効率が86%のタービンの断熱熱落差 h_{ad} は，次の式で求められる。

$$h_{ad} = \frac{100}{\eta_t} w_e = \frac{100}{(10\ \ \ )} \times (11\ \ \ ) = (12\ \ \ ) \text{kJ/kg}$$

4) このタービンへの蒸気供給量が $G_s = 246$ t/h ならば，タービンの有効動力 P_e[kW]は，次の式で求められる。

$$P_e = \frac{\eta_t}{100} G_s h_{ad} = \frac{(13\ \ \ \ )}{100} \times (14\ \ \ \ ) \times (15\ \ \ ) = (16\ \ \ \ ) \text{kW}$$

--- 豆知識 ---

コンバインドサイクル（combined cycle）

火力発電には，ボイラに設置した火炉で燃料を燃やし，その熱エネルギーでつくった蒸気でタービンを駆動して発電する汽力発電や，ガスタービンとその排出ガスの熱エネルギーでつくった蒸気でもタービンを駆動するコンバインドサイクル発電（CC発電）があります。このCC発電が広がりを見せている背景には，汽力発電やガスタービン技術の成熟があります。これらの技術をさらに発展させるためには耐熱材料の開発が不可欠ですが，なかなか進みません。CC発電は組み合わせによる相乗効果を狙ったものです。初期のCC発電は，こんにちの最新鋭の汽力発電の効率を数%上回る43%程度でした。しかし，今では60%を越えようとしています。左図は，ガスタービンに入る燃焼ガスの温度が1500℃の「1500℃級コンバインドサイクル発電（MACC）」といわれるもので，熱効率は約59%です。CC発電には優れた熱効率のほかに，起動や停止が容易で，しかも短時間でできるという特徴もあります。

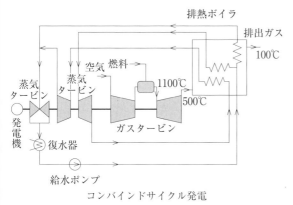
コンバインドサイクル発電

6 蒸気動力プラントの性能 （教科書 p. 271〜276）

1 基本サイクルとその性能

(1) 次の文は「蒸気プラントのサイクルとその性能」について述べたものである。文中の（　）内に適切な語を記入せよ。

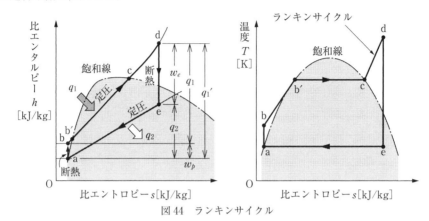

図44　ランキンサイクル

1) 上の h–s 線図は，蒸気動力プラントの基本的なサイクルである（1　　　　　　　）の h–s 線図である。

2) 図中の各点の作動流体の種類や状態変化などは，下表のように表すことができる。

点や区間	作動流体	状態変化	温度	エンタルピー	エントロピー
a	2	—	—	—	—
a→b	—	6	8	増加	12
b	3	—	—	—	—
b′	飽和水	—	—	—	—
b→d	—	7	増加	10	増加
c	乾き飽和蒸気	—	—	—	—
d	4	—	—	—	—
d→e	—	断熱膨張	9	減少	13
e	5	—	—	—	—
e→a	—	定圧冷却	不変	11	減少

3) 図中の各点の比エンタルピーをそれぞれ，$h_a = 102\ \mathrm{kJ/kg}$，$h_d = 3\,500\ \mathrm{kJ/kg}$，$h_e = 2\,040\ \mathrm{kJ}$ /kg とすると，このサイクルの熱効率 $\eta_R\,[\%]$ は，次の式で求めることができる。

$$\eta_R = \frac{h_d - h_e}{h_d - h_a} \times 100$$

$$= \frac{(14\qquad) - (15\qquad)}{(16\qquad) - (17\qquad)} \times 100 = (18\qquad)\ \%$$

2 再熱サイクルと再生サイクル

(1) 次の文は「蒸気動力プラントンのサイクル」について述べたものである。その内容が正し

いものには○を，誤っているものには×を（　）内に記入せよ。

(1　　)　ランキンサイクルの熱効率は，タービン入口の蒸気のエンタルピーを上昇させ，タービン出口のエンタルピーを下降させると向上する。

(2　　)　タービン入口の蒸気のエンタルピーを上昇させるためには，その温度と圧力を高めるとよい。

(3　　)　給水加熱器は，蒸気の圧力を一定に保ったまま，蒸気の温度を高くする。

(4　　)　タービン入口の蒸気の温度は，ボイラに用いる材料の耐熱性によって制限される。

(5　　)　タービン入口の圧力を高め過ぎると，タービン出口の蒸気の湿り度が減少する。

(6　　)　湿り度が増加すると，タービンの中を飽和蒸気の細かい粒が流れるようになる。

(7　　)　タービンの中を流れる蒸気の乾き度が増加すれば，タービン羽根の浸食は減少する。

(8　　)　タービン出口の温度は，復水器の真空度に左右される。

(9　　)　蒸気の蒸発温度は，復水器に導く冷却水の温度に左右される。

(10　　)　再熱サイクルの再熱器は，高圧タービンと低圧タービンの間に設ける。

(11　　)　再熱サイクルでは，蒸気タービン出口の蒸気量は，入口のそれより少ない。

(12　　)　再熱サイクルは，タービン羽根の浸食を減少することができる。

(13　　)　低圧タービン入口の蒸気は，過熱蒸気である。

(14　　)　再熱サイクルは，復水器を小さくできる。

(15　　)　再熱サイクルは，熱効率が改善することができる。

(16　　)　再生サイクルでは，復水ポンプと給水加熱器が不可欠である。

(17　　)　再生サイクルには，抽気が可能なタービンを用いる。

(18　　)　再生サイクルでは，タービン羽根の浸食が減少する。

(19　　)　給水加熱器での加熱は，抽気した蒸気による。

(20　　)　再熱再生サイクルは，よりいっそう熱効率が改善され，復水器を小さくでき，タービンの耐久性が向上する。

(21　　)　大容量の蒸気動力プラントでは，放射再熱貫流形の超臨界圧ボイラを用いた，超臨界圧多段再熱多段再生サイクルが採用されている。

(22　　)　ガスタービンと蒸気タービンを組み合わせたコンバインドサイクルでは，ガスタービンで発電機などを駆動し，そのさいの排気ガスは蒸気タービンに導かれる。

(23　　)　ガスタービンと蒸気タービンを組み合わせたコンバインドサイクルが排出する温排水は，ガスタービンから排出された排水ガスで温められる。

(24　　)　コンバインドサイクルでは，蒸気タービンに導かれた蒸気は発電機などを駆動したのち，復水器に導かれて水に戻り，再び排熱ボイラで加熱されて蒸気となる。

(25　　)　これまで捨てていた発電用内燃機関の冷却水などがもつ熱エネルギーを利用して，冷暖房や給湯などに利用するシステムをコージェネレーションシステムという。

第6章 冷凍装置

1 冷凍のあらまし （教科書 p. 278〜279）

(1) 次の文は「冷凍とその利用」について述べたものである。その内容が正しいものには○を，誤っているものには×を（　）内に記入せよ。

(1　　) 熱エネルギーを吸収して物体の温度を下げることを冷凍という。

(2　　) 冷凍のために用いる作動流体を冷却剤という。

(3　　) 物体から熱エネルギーを吸収する前の冷媒は，液体である。

(4　　) 物体から吸収した熱エネルギーの総量[J]を蒸発潜熱という。

(5　　) 熱エネルギーを吸収して気体になった冷媒が，その熱エネルギーを別の場所に放出することで液体に戻る。

(6　　) 熱エネルギー[J]を吸収して気体になった冷媒が，その熱エネルギー[J]を別の場所に放出したエネルギーの総量を凝縮熱という。

(7　　) 冷凍サイクルを行う冷媒には，冷凍機の内部で気化したり，液化したりする性質が必要である。

(8　　) 室内を望ましい温度になるように調節することを空気調和という。

(9　　) 空気調和には，冷凍機が不可欠である。

(10　　) 数値制御工作機械を設置して精度の高い製品をつくる工場などでは，製品の精度や品質の維持などのために，工業空気調和を利用している。

(2) 次の文は「冷凍とその利用」について述べたものである。文中の（　）内に適切な語を記入せよ。

1) 冷凍機には，(1　　　　) を駆動して冷凍サイクルを行わせる (2　　　　) 冷凍機と，(3　　　　) を吸収した吸収剤に外部から (4　　　　) を加えて，吸収剤が吸収した (5　　　　) を分離させるなどして冷凍サイクルを行わせる (6　　　) 冷凍機がある。

2) 小規模な空気調和には (7　　　　) が利用され，大規模な空気調和には (8　　　　) が利用されることが多い。

3) 地域全体を対象とするような大規模な空気調和では，大形の (9　　　) を用いて冷房や暖房を行っている。

4) 液体の状態の冷媒は (10　　　)，気体の状態の冷媒は (11　　　) とよばれる。

2 蒸気圧縮冷凍機 （教科書 p.280〜281）

1 蒸気圧縮冷凍機の構成

(1) 次の文は「冷凍機の構成」について述べたものである。その内容が正しいものには○を，誤っているものには×を（ ）内に記入せよ。

(1　　) 蒸気圧縮冷凍機では，冷媒は膨張弁，蒸発器，凝縮器，圧縮機の順に循環する。

(2　　) 冷媒が蒸発するのは，蒸発器である。

(3　　) 冷媒蒸気は，圧縮機内で，冷媒液に戻る。

(4　　) 膨張弁に入るのは冷媒液で，出て行くのは冷媒蒸気である。

(5　　) キャピラリチューブには，細い管を用いる。

(6　　) 凝縮器には，じゅうぶんな放熱機能が不可欠である。

(7　　) 蒸発器と絞り弁は，熱交換器である。

(8　　) 直接膨張式冷凍では，冷凍室に凝縮器を設置する。

(9　　) 直接膨張式冷凍では，冷凍室には冷却管を設置する。

(10　　) 直接膨張式冷凍は，食品工業などに採用されている。

(11　　) 間接冷却式冷凍は，構造が簡単で，効率が高い。

(12　　) 間接冷却式冷凍では，ブラインが不可欠である。

(13　　) ブラインには，水を用いる。

2 冷凍サイクル

(1) 下の図は蒸気圧縮冷凍機の p–h 線図である。次の冷媒の状態変化などを表す文の（ ）内に適切な語を記入，あるいは（ ）内の適切な語を選択せよ。

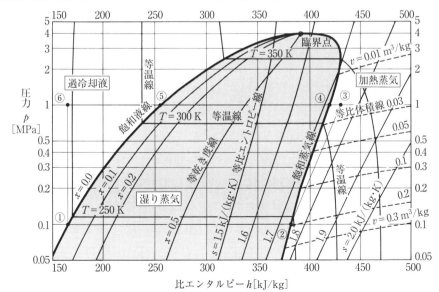

図45　蒸気圧縮冷凍機の p–h 線図

1) 冷媒が循環する方向は，①→①のような（1 時計・反時計 ）まわりである。

2) 蒸発過程は（2　　　　）で，この間の冷媒は蒸発器内で（3　　　）変化をしながら，約
　（4　　　）kJ/kg（5 受熱・放熱 ）する。

3) 圧縮過程は（6　　　　）で，この間の冷媒は圧縮機内で（7　　　）変化をして，その
　（8 体積・圧力 ）を大きくする。

4) 凝縮過程は（9　　　　）で，この間の冷媒は凝縮器内で（10　　　）変化をしながら，約
　（11　　　）kJ/kg（12 受熱・放熱 ）する。

5) 膨張過程は（13　　　　）で，この間の冷媒は膨張弁や（14　　　　　　　　）内で
　（15　　　　　　　）変化をして，その（16 体積・圧力 ）を小さくする。

6) 冷媒は，点①では（17　　　　），点③では（18　　　　　　），点⑥では（19　　　　　　）である。

7) 冷媒は，（20　　　）の間は液体で，（21　　　）の間は過熱蒸気である。

8) 図中の⑥すなわち（22　　　）内では，冷媒の状態変化はない。

(2) 次の文は「冷媒」について述べたものである。その内容が正しいものには○を，誤っているものには×を（ ）内に記入せよ。

(1 　　　) 蒸発潜熱が大きく，比体積の小さな冷媒は，冷凍機の小形化に有効である。

(2 　　　) 粘度が小さくても，低温のもとで凝固するものは，冷媒に使用できない。

(3 　　　) 容易に臨界点に達するものは，冷媒には不都合である。

(4 　　　) 大気圧以下で蒸発する冷媒を用いた場合には，冷凍機の内部に大気が侵入する可能性が高くなるので，不都合である。

(5 　　　) 比較的低圧で液化する冷媒を用いれば，凝縮器の負担は軽減される。

(6 　　　) 圧縮機では，冷媒の比エントロピーが約 50 kJ/kg 増加する。

(7 　　　) 自然冷媒には，一酸化炭素や，アルコールがある。

(8 　　　) フロンは，冷媒に要求される性質の多くを満たすが，地球温暖化係数が大きい欠点がある。

(9 　　　) 代替フロンのオゾン破壊係数は 0 なので，今後も使用できる。

(10 　　　) R 22 は，全廃と回収が進められている。

(11 　　　) R 410 A は，代替フロンに分類される。

(12 　　　) 二酸化炭素は，オゾンの破壊に与える影響がきわめて少ない。

(13 　　　) R 32 は，代替フロンのなかでは，地球温暖化係数が小さい。

(14 　　　) アンモニアは，家電リサイクル法による回収対象である。

(15 　　　) HFC は HCFC に替わるものとして，HCFC は CFC に替わるものとしてつくられた冷媒である。

3 各種の蒸気圧縮冷凍機

(1) 次の文は「各種の蒸気圧縮冷凍機」について述べたものである。その内容が正しいものには○を，誤っているものには×を（　）内に記入せよ。

(1 　) 開放形往復圧縮機は，駆動用電動機の動力をVベルトなどで圧縮機に伝える形式のもので，点検などが容易である。

(2 　) 密閉形回転圧縮機は，圧縮機と駆動用電動機を一つの容器内に納めて密閉したもので，家庭用冷蔵庫などに用いられている。

(3 　) 往復圧縮機には，回転ピストン形などがある。

(4 　) 圧縮機に遠心圧縮機を用いた冷凍機を，ターボ冷凍機という。

(5 　) ブラインは，冷媒蒸気中の冷媒液滴が，圧縮機に侵入するのを防止する目的で設置する。

(6 　) 凝縮器には，冷却用の水や空気が必要である。

(7 　) 大容量の冷凍装置には，ターボ冷凍機を用いることが多い。

(8 　) ヒートポンプは，低温側で吸収した熱エネルギーを高温側へ移動する装置で，空気調和装置の暖房運転などに使われている。

(9 　) 家庭用空気調和装置で採用されているヒートポンプでは，冷房時に冷媒を圧縮した圧縮機は，暖房時には膨張弁として機能する。

(10 　) 家庭用空気調和装置で採用されているヒートポンプでは，冷房時に冷媒を蒸発させた蒸発器は，暖房時には凝縮器として機能する。

4 冷凍機の性能と運転

(1) 次の文は「冷凍機の性能と運転」について述べたものである。文中の（　）内に適切な語や数値を記入，あるいは（　）内の適切な語を選択せよ。

1) 1日で0℃の水1tを0℃の氷にする冷凍機の冷凍能力を（1 　）冷凍トンといい，これは（2 　）kWに相当する。したがって，20時間で0℃の水3tを，0℃の氷にする冷凍機の冷凍能力は，（3 　）kWすなわち（4 　）冷凍トンである。

2) 成績係数が4.32の冷凍機を，ヒートポンプとして運転した場合の成績係数は（5 　）である。

3) 冷凍機は，つねに（6 　）が最も高い状態で運転する。

4) 冷媒蒸気の漏れなどによる冷媒量の不足は，圧縮機の低圧側の圧力（7 　上昇・低下 ）を招く。

5) 過充てんや空気の混入などによる異常は，圧縮機の高圧側の圧力（8 　上昇・低下 ）によって推測できる。

6) 凝縮器での放熱が十分でない場合には，圧縮機の高圧側の圧力（9 　上昇・低下 ）を招く。

3 吸収冷凍機 （教科書 p. 292～293）

(1) 次の文は「吸収冷凍機の原理と構成」について述べたものである。文中の（　）内に適切な語を記入せよ。

1) 吸収冷凍機では，冷媒に（1　　　）を用いた場合は，吸収剤に（2　　　　　　　　）を用い，また，冷媒に（3　　　）を用いた場合は，水を吸収剤として用いる。

2) 臭化リチウム水溶液を吸収剤に用いた吸収冷凍機の主要部分を，冷媒の流れる順に示すと，蒸発器→（4　　　）→（5　　　）→（6　　　）となる。

3) 吸収冷凍機において，冷凍対象から熱エネルギーを受け取る熱交換器を（7　　　）といい，冷媒液はここで（8　　　）に変わる。なお，この熱交換器には（9　　　）から冷媒液を供給する。

4) 吸収冷凍機（教科書 p. 293 図 6-13）の再生器内の圧力は，吸収器内の圧力より高いので，冷媒液を吸収した吸収剤は，（10　　　）で送給する。

5) 冷媒液を吸収した吸収剤を，冷媒を含まない吸収剤と冷媒蒸気に分離するのは（11　　　）である。

(2) 次の文は「吸収冷凍機の原理と構成」について述べたものである。その内容が正しいものには○を，誤っているものには×を（　）内に記入せよ。

(1　　　) 吸収冷凍機では，スクロール形回転圧縮機を用いて冷媒を圧縮する。

(2　　　) 吸収冷凍機（教科書 p. 293 図 6-13）では，冷凍対象の水の温度を5℃下げることを目標としている。

(3　　　) 臭化リチウム水溶液を吸収剤に用いた吸収冷凍機（教科書 p. 293 図 6-13）では，凝縮器内の冷媒蒸気は，外部から供給された冷却水で冷やして冷媒液に戻される。

(4　　　) 吸収冷凍機（教科書 p. 293 図 6-13）では，凝縮器から蒸発器への冷媒液の供給には散布ポンプを用いる。

(5　　　) 吸収冷凍機では，すべての機器の内部の圧力が大気圧より低いので，配管を含む機器内部への大気の浸入に注意しなければならない。

(6　　　) 吸収剤と冷媒液の分離には，蒸気などによる加熱が必要である。

(7　　　) 冷媒は，冷凍サイクルの中で液体から蒸気に，また，蒸気から液体へと変化するが，吸収剤は温度や圧力こそ変化するが，いつでも液体のままである。

(8　　　) 熱交換機は，吸収能力が低下した吸収剤の能力を回復させる。

(9　　　) 冷媒液を吸収した吸収剤の再生器における加熱には，都市ガスなどの燃焼熱のほかに，温排水や排熱などを利用することができる。

(10　　　) 冷媒蒸気を冷媒液に戻すためには，冷媒液を冷やす必要があり，これには蒸発器を用いる。

[〔(工業 763)原動機〕準拠

原動機演習ノート

表紙デザイン
エッジ・デザインオフィス

●編　者──実教出版編修部

●発行者──小田良次

●印刷所──大日本法令印刷株式会社

●発行所─実教出版株式会社

〒102-8377
東京都千代田区五番町5
電　話〈営業〉(03) 3238-7777
　　　〈編修〉(03) 3238-7854
　　　〈総務〉(03) 3238-7700
https://www.jikkyo.co.jp/

002402024

ISBN 978-4-407-36405-7

原動機演習ノート

解答編

実教出版

第1章 エネルギーの利用と変換

1 エネルギー利用の歴史

1 身近なエネルギーの利用

(1) **1** ○ **2** ○ **3** × **4** ○ **5** ×
6 × **7** × **8** × **9** ○ **10** ○

2 熱エネルギーの利用

(1) **1** ニューコメン **2** ワット **3** ヘロン **4** ド・ラバル **5** パーソンス **6** ホイヘンス **7** 1860 **8** ルノワール
9 1867 **10** オットー **11** 1883
12 ダイムラー **13** ディーゼル
14 ディーゼル **15** 1897
16 シュトルツェ **17** 1872

2 こんにちのエネルギーと動力

1 エネルギーの変換

(1) **1** 再生可能エネルギー **2** 地熱
3 薪炭 **4** 石炭 **5** 核エネルギー
6 プルトニウム

(2) **1** 1.24 **2** 1.48 **3** 1.85 **4** 2.23

(3) **1** ○ **2** × **3** ○ **4** × **5** ×
6 ○ **7** ○ **8** ×

2 原動機の発達を振り返って

(1) **1** 2 700 000 kW **2** 発電用蒸気タービン **3** 船用ディーゼル機関 **4** 68 000 kW
5 自動車用ディーゼル機関 **6** 330 kW
7 自動車用ガソリン機関 **8** 200 kW

(2) **1** 90% **2** ディーゼル機関 **3** 50%
4 蒸気原動機 **5** 41% **6** ガソリン機関

(3) **1** ○ **2** ○ **3** × **4** ○ **5** ×
6 × **7** ○ **8** ○ **9** ○ **10** ○
11 × **12** ○ **13** × **14** ○

(4) **1** 20 **2** 100 **3** 37.5 **4** クランク機構 **5** 蒸気タービン **6** 回転 **7** 圧縮比
8 燃料

3 エネルギーの現状と将来

1 エネルギーの供給と需要

(1) **1** ○ **2** ○ **3** × **4** ○ **5** ×
6 × **7** ○ **8** ×

(2) **1** 中東 **2** 38.4 **3** アジア・大洋州
4 28.2 **5** アジア・大洋州 **6** 32.7
7 石炭 **8** 132 **9** 石油 **10** 50.0
11 石油 **12** 66

2 エネルギーの将来

(1) **1** 1997 **2** 2005 **3** 省エネルギー
4 産業部門 **5** 運輸部門 **6** 業務その他部門 **7** 家庭部門 **8** 工業製品および製品の使用 **9** 廃棄物 **10** 工業製品および製品の使用 **11** 家庭部門 **12** 産業・業務他 **13** 家庭 **14** 世帯数 **15** ライフスタイル **16** 運輸 **17** 大形化 **18** 多頻度小口配送

(2) **1** × **2** ○ **3** ○ **4** × **5** ×
6 ○

(3) **1** 8 **2** 7〜18 **3** 12 **4** 25〜30
5 20 **6** 増速機 **7** ブレーキ **8** 10〜20 **9** 65 **10** 水素

(4) **1** ○ **2** × **3** ×

(5) **1** $3.6×10^6$ **2** 0.18 **3** 0.12 **4** 50
5 8 **6** 8 **7** 3600

第2章 流体機械

1 流体機械のあらまし

(1) **1** 水 **2** 油 **3** 空気 **4** 液体
5 気体 **6** 位置エネルギー **7** 機械的エネルギー

2 流体機械の基礎

1 流体の基本的性質

(1) **1** 1.293 **2** 999.8 **3** 1000 **4** 粘度

2 圧力

(1) **1** × **2** ○ **3** ○ **4** × **5** ○

   6 ○ **7** × **8** ○

(2) **1** 19.62 **2** 58.9 **3** 78.5 **4** 98.1

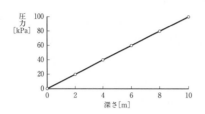

(3) **1** 251.3 **2** 1005 **3** 2262

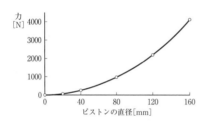

3 管路の流れ

(1) **1** ○ **2** × **3** ○ **4** ×

(2) **1** 90.5×10^{-3} **2** 362×10^{-3} **3** $814 \times$

  10^{-3} **4** 1.832

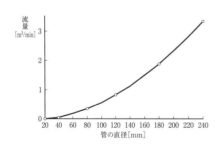

(3) $A_1 v_1 = A_2 v_2$

$$v_2 = \frac{A_1}{A_2} \times v_1$$

$$= \frac{d_1^2}{d_2^2} \times v_1$$

$$= \frac{160^2}{40^2} \times 20$$

$$= 320 [\text{mm/s}]$$

4 流体のエネルギー

(1) **1** 機械的 **2** 熱 **3** 温度 **4** 機械的

  5 機械的 **6** 運動 **7** 圧力 **8** 重力に

  よる位置 **9** 重力による位置 **10** 機械的

  11 エネルギー保存則

(2) **1** 1.20 **2** 0.46 **3** 1.20 **4** 0.46

  5 1000 **6** 60 **7** 60 **8** 400×10^3

  9 12.52×10^3 **10** 31.3×10^3 **11** 0.46

  12 3.31 **13** 3.31 **14** 31.3×10^3

  15 25 **16** 7.68×10^6 **17** 7.68×10^3

  18 12.52×10^3 **19** 3.31 **20** 7.68×10^3

  21 20.2×10^3

(3) **1** ○ **2** × **3** ○ **4** ○ **5** ○

  6 × **7** × **8** ○ **9** × **10** ○

  11 × **12** ○ **13** ○ **14** ○

(4) **1** 連続の式 **2** $\frac{1}{20}$ **3** 20 **4** 1

  5 ベルヌーイ **6** 20 **7** 1 **8** 100×10^3

  9 299.5×10^3 **10** 299.5

(5) **1** 4.43 **2** 6.26 **3** 8.86 **4** 12.53

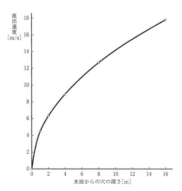

5 流れにおけるエネルギー損失

(1) **1** 損失 **2** 管壁 **3** 摩擦 **4** 温度
5 機械的 **6** 熱 **7** 機械的 **8** エネルギー損失 **9** 2 **10** 3 **11** $\frac{1}{4}$ **12** 25

(2) **1** ○ **2** × **3** ×

(3) **1** 48.9 **2** 110.1 **3** 195.7 **4** 305.8

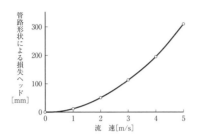

(4) **1** 60 **2** 0.300 **3** 0.045 **4** 0.300
5 0.03 **6** 2000 **7** 0.300 **8** 0.637

3 流体の計測

1 圧力の測定

(1) **1** 圧力計 **2** 液柱の高さ **3** マノメータ **4** ブルドン管圧力計 **5** ベロー
6 弾性体 **7** ひずみゲージ **8** 電気式圧力計

(2) **1** × **2** ○ **3** ○ **4** ×

(3) **1** 水柱マノメータ **2** 管路 **3** 液柱
4 大気圧 **5** p_1 **6** p_0 **7** 100×10^3
8 1000 **9** 0.480 **10** 104.7×10^3
11 104.7

(4) **1** A **2** h_1+h_2 **3** h_1 **4** h_2
5 13.6×10^3 **6** 872 **7** 0.340
8 42.5×10^3 **9** 42.5

2 流速の測定

(1) **1** ベルヌーイ **2** ドップラー **3** 金属線 **4** ピトー管 **5** レーザ流速計
6 速度ヘッド **7** 2.16 **8** 129.6 **9** 410

(2) **1** × **2** ○ **3** ○ **4** ○ **5** ×

(3) **1** $\rho_1 gh_1$ **2** $\rho_2 gh_2$ **3** 1000 **4** 100×10^{-3} **5** 1.342 **6** 9.81 **7** 74.5 **8** 37.8
9 68.1 **10** 37.3 **11** 26.8 **12** 96.5
13 37.8 **14** 149.0 **15** 53.5 **16** 192.6
17 298 **18** 75.7 **19** 273

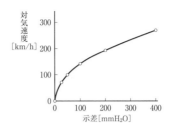

3 流量の測定

(1) **1** ○ **2** ○ **3** × **4** × **5** ×
6 × **7** ○ **8** ○ **9** ○ **10** ×

(2) **1** 12.6 **2** 14.6 **3** 1000 **4** 10^{-3}
5 0.662 **6** 2.83×10^{-3} **7** 3.17
8 0.292 **9** 4.48 **10** 0.73 **11** 7.09
12 2.92 **13** 14.18 **14** 5.84 **15** 20.05

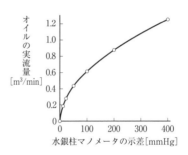

4 ポンプ

1 ポンプの分類と利用

(1) **1** 液体 **2** 圧力 **3** 軸流ポンプ
4 遠心ポンプ

(2) **1** ○ **2** ○ **3** ○ **4** × **5** ×
6 × **7** ○ **8** ×

2 遠心ポンプ

(1) ① ケーシング ② ケーシングカバー
③ 呼び水じょうご ④ 吸込口 ⑤ 吐出し口 ⑥ 反時計まわり

(2) **1** × **2** ○ **3** ○ **4** × **5** ○
6 × **7** × **8** × **9** ○ **10** ×
11 ○ **12** ○

3 軸流ポンプ

(1) ① 吸込ケーシング ② 吐出しケーシング ③ ガイドベーン ④ インペラ

⑤ 羽根　⑥ 主軸　⑦ 水中軸受

⑧ 内筒　⑨ パッキン

(2)　**1** 羽根　**2** 速度　**3** 圧力差　**4** 取付
角　**5** 横軸　**6** 縦軸　**7** フラップ弁

(3)　**1** ○　**2** ×　**3** ○　**4** ×　**5** ○

4 斜流ポンプ

(1)　① 吸込ケーシング　② 吐出しケーシ
ング　③ 内筒　④ ガイドベーン　⑤ イ
ンペラ　⑥ 羽根　⑦ 主軸　⑧ 水中軸受
⑨ パッキン

(2)　**1** ○　**2** ×　**3** ×　**4** ○　**5** ×
6 ○　**7** ×　**8** ×

5 ターボポンプの性能と運転

(1)　**1** 軸流　**2** 斜流　**3** 吐出し量　**4** 回
転速度　**5** 全揚程　**6** 効率　**7** 軸動力
8 理論的　**9** 実高さ　**10** 全揚程
11 損失ヘッド　**12** 水撃作用　**13** キャ
ビテーション　**14** 小さく　**15** 短く
16 サージング　**17** 圧力計　**18** 呼び水
19 軸動力

(2)　**1** ×　**2** ○　**3** ×　**4** ○　**5** ○
6 ×　**7** ×　**8** ×　**9** ×

(3)　**1** 水動力　**2** 860　**3** 60　**4** 3.5
5 ポンプ効率　**6** 92　**7** 535

6 容積式回転ポンプ

(1)　① 外接歯車ポンプ　② ケーシング
③ 吸込口　④ 吐出し口　⑤ 駆動軸
⑥ 内接歯車ポンプ　⑦ ケーシング
⑧ 吸込口　⑨ 吐出し口　⑩ 外歯車
⑪ 内歯車

(2)　**1** ○　**2** ×　**3** ○　**4** ×　**5** ×
6 ×　**7** ×　**8** ×　**9** ×

7 容積式往復ポンプ

(1)　① 本体　② シリンダブロック
③ ピストン　④ 弁板　⑤ 斜板　⑥ 流
量調整棒　⑦ 吸込口　⑧ 吐出し口

(2)　**1** ○　**2** ×　**3** ×　**4** ○　**5** ×
6 ○

8 容積式ポンプの性能と運転

(1)　**1** 吐出し圧力　**2** 吐出し量　**3** 効率
4 軸動力　**5** 回転速度　**6** 特性曲線

7 吐出し圧力　**8** ピストン　**9** ベーン
10 歯車　**11** 開いた　**12** 全閉
13 絞り　**14** 高圧　**15** 圧力制御弁
16 作動油　**17** キャビテーション　**18** 1
19 回転速度

5 　送風機・圧縮機と真空ポンプ

1 送風機・圧縮機の分類

(1)　**1** ○　**2** ×　**3** ○　**4** ○　**5** ×
6 ○　**7** ×　**8** ○

2 遠心送風機・圧縮機

(1)　**1** 出口　**2** 前向き　**3** 径向き　**4** 後
向き　**5** 1200　**6** 多段ターボ　**7** 軸動力

(2)　**1** ○　**2** ○　**3** ○　**4** ○　**5** ×
6 ○

3 軸流送風機・圧縮機

(1)　**1** ○　**2** ×　**3** ○　**4** ○　**5** ×
6 ×

4 ターボ送風機の性能と運転

(1)　**1** 多翼　**2** 絶対速度　**3** 風速　**4** タ
ーボ　**5** 圧力　**6** 遠心ポンプ　**7** 効率
8 軸動力　**9** 遠心ポンプ　**10** 風量
11 全揚程　**12** 吐出し圧力　**13** 全開
14 開いて　**15** 閉じて　**16** 多翼
17 吐出し圧力　**18** サージング　**19** 後向き

5 容積形回転圧縮機

(1)　**1** 三葉ブロワ　**2** ねじ　**3** ベーン圧
縮機　**4** 100　**5** 出口の絶対圧　**6** 入口
の絶対圧　**7** 560　**8** 100　**9** 100
10 6.6　**11** タイミングギヤ

(2)　**1** ×　**2** ○　**3** ×　**4** ×　**5** ○
6 ×

6 容積形往復圧縮機

(1)　① シリンダ　② ピストン　③ 中間
冷却器　④ アンローダ　⑤ クランク軸
⑥ 空気清浄器　⑦ 空気吸込口　⑧ 吸込
弁　⑨ 吐出し弁　⑩ 冷却用シロッコファ
ン　⑪ 多翼ファン

(2)　**1** 作業用空気源　**2** 化学工業用
3 3500　**4** 空気清浄器　**5** 吸込弁
6 シリンダ　**7** ピストン　**8** 圧縮

9　吐出し弁　10　中間冷却器　11　低く
12　減少　13　吸込弁　14　シリンダ
15　ピストン　16　吐出し弁

7　容積形回転圧縮機の性能と運転

(1)　1　二葉ブロワ　2　すきま　3　吐出し
4　膨張　5　増大　6　無給油　7　バイパス制御　8　油注入　9　最大　10　ロータ
11　一定流量特性　12　ベーン圧縮機
13　容積形回転　14　サージング現象
15　大きい

8　真空の利用と真空ポンプの分類・利用

(1)　1　真空ポンプ　2　気体輸送式　3　気体ため込式　4　斜流　5　遠心　6　呼び水
7　真空鋳造　8　脱水　9　油回転　10　ルーツ　11　多段ルーツ　12　ターボ分子
13　気体ため込み　14　油回転　15　ルーツ　16　ターボ分子　17　油回転　18　ルーツ　19　中　20　油拡散　21　ターボ分子　22　高

6　水車

1　水車の利用と選定

(1)　1　位置　2　原動機　3　起動　4　出力
5　94　6　発電機　7　総落差　8　有効落差　9　落差　10　流量　11　出力　12　効率　13　落差　14　流量　15　プロペラ

(2)　1　1000　2　9.81　3　40　4　800

2　ペルトン水車

(1)　1　1870　2　衝動　3　ランナ　4　流量
5　50～2000　6　ノズル　7　ニードル弁
8　そらせ板

3　フランシス水車

(1)　①　水圧管　②　ケーシング　③　渦形室　④　ステーベーン　⑤　ガイドベーン
⑥　ランナ

(2)　1　○　2　×　3　○　4　○　5　×
6　×

4　プロペラ水車

(1)　1　プロペラ　2　軸流　3　軸流　4　カプラン　5　少ない　6　ガイドベーン
7　ランナベーン　8　効率　9　チューブラ

10　フランシス　11　運動　12　出口
13　末広がり　14　減少　15　出口部
16　入口部　17　低圧部

5　ポンプ水車

(1)　1　フランシス　2　チューブラ　3　反動　4　揚水　5　夜間　6　ポンプ　7　ポンプ　8　火力　9　原子力

7　油圧装置と空気圧装置

1　油圧装置と空気圧装置

(1)　1　油　2　大気　3　アクチュエータ
4　ポンプ　5　圧縮機　6　圧力　7　流量
8　減圧　9　潤滑　10　清浄

(2)　1　×　2　○　3　×　4　○　5　×
6　○　7　○　8　○

2　作動油

(1)　1　温度　2　動力　3　滑らか　4　潤滑性　5　粘度　6　難燃性　7　不燃性
8　物理的　9　化学的　10　航空機
11　水成　12　乳化　13　酸化　14　さび
15　消泡　16　石油

3　アクチュエータ

(1)　①　シリンダチューブ　②　ピストン
③　ロッド　④　クッションリング　⑤　クッション調整弁　⑥　空気抜き

(2)　1　○　2　×　3　×　4　○　5　○

(3)　1　50×10^{-3}　2　28×10^{-3}　3　7×10^{6}
4　20×10^{3}　5　50×10^{-3}　6　28×10^{-3}
7　7×10^{6}　8　50×10^{-3}　9　20×10^{3}
10　9.40×10^{3}　11　9.40　12　50
13　28　14　21　15　350×10^{3}
16　350×10^{3}　17　50　18　28　19　260

4　油圧制御弁

(1)　1　破壊　2　安全弁　3　アクチュエータ　4　リリーフ弁　5　減圧弁　6　絞り弁
7　流量調整弁　8　流量制御弁　9　チェック弁　10　方向制御弁　11　スライドスプール弁　12　チェック弁　13　4

5　その他の機器

(1)　1　油タンク　2　冷却器　3　エアドライヤ　4　ルブリケータ　5　空気　6　金属

粉　**7**　作動油　**8**　フィルタ　**9**　ポンプ

10　通気　**11**　給油　**12**　空気清浄器

13　油圧シリンダ　**14**　アキュムレータ

15　作動油　**16**　圧力　**17**　脈動

6 油圧回路図

(1)　① 可変絞り弁（チェック弁付）　② アキュムレータ　③ 片ロッド形復動シリンダ　④ 片ロッド形復動シリンダ　⑤ 4ポート3位置切換弁　⑥ 可変絞り弁（チェック弁付）　⑦ 3ポート2位置切換弁　⑧ 可変絞り弁　⑨ 4ポート3位置切換弁

(2)　**1** ×　**2** ○　**3** ○　**4** ×　**5** ×　**6** ×

第3章　内燃機関

1 内燃機関のあらまし

(1)　**1** 燃焼室　**2** 高温高圧　**3** 膨張　**4** 容積　**5** 間欠　**6** シリンダ　**7** ピストン　**8** ロータ　**9** ピストン　**10** reciprocating　**11** ガソリン　**12** しやすい　**13** ガス　**14** しやすい　**15** 液化石油ガス　**16** 圧縮天然ガス　**17** 火花　**18** ディーゼル　**19** しにくい　**20** 重油　**21** 圧縮　**22** 連続燃焼　**23** 燃焼室　**24** 連続　**25** タービン　**26** 高炉ガス　**27** 灯油　**28** ジェットエンジン　**29** 酸化剤　**30** ロケットエンジン

2 熱機関の基礎

1 温度と熱量

(1)　**1** 101.325　**2** 純水　**3** 純水　**4** 熱機関　**5** 絶対温度　**6** 三重　**7** 0.01　**8** 273.16　**9** 273.15　**10** 293.15　**11** 273.15　**12** K　**13** J/(kg・K)

(2)　**1** $4.183×10^3$　**2** $12×10^{-3}$　**3** 18+273.15　**4** 86+273.15　**5** 12　**6** $4.183×10^3$　**7** 359.15　**8** 291.15　**9** $3.41×10^6$　**10** $1.005×10^3$　**11** 24+273.15　**12** 28+273.15

2 熱エネルギーと仕事

(1)　**1** ○　**2** ×　**3** ×　**4** ○　**5** ○　**6** ×

(2)　**1** 70　**2** 6　**3** −6　**4** 70　**5** −6　**6** 76

(3)　**1** $600×10^3$　**2** $600×10^3$　**3** $56.5×10^6$　**4** 56.5

3 理想気体の状態変化

(1)　**1** ボイル・シャルル　**2** 定容　**3** 内部エネルギー　**4** 温度　**5** 等温　**6** 定圧　**7** 温度　**8** 断熱　**9** 内部エネルギー　**10** エンタルピー

(2)　**1** ○　**2** ○　**3** ○　**4** ○　**5** ○　**6** ×　**7** ○　**8** ○　**9** ○　**10** ○　**11** ○　**12** ×　**13** ○　**14** ×　**15** ×

(3)　**1** $150×10^{-3}$　**2** $14.7×10^6$　**3** 300　**4** 259.837 J/(kg・K)　**5** $14.7×10^6$　**6** $150×10^{-3}$　**7** 259.837　**8** 300　**9** 28.3

(4)　**1** 定容　**2** 654　**3** 293.15　**4** 305.15　**5** 654　**6** 305.15　**7** 293.15　**8** $117.7×10^3$　**9** 117.7　**10** 293.15　**11** 305.15　**12** 305.15　**13** 293.15　**14** 15　**15** 8.333

(5)　**1** 定圧　**2** $600×10^3$　**3** 242　**4** 291.15　**5** $p_1V_1=mRT_1$　**6** $600×10^3$　**7** 400　**8** 242　**9** 291.15　**10** 291.15　**11** 309.15　**12** 400　**13** 400　**14** 291.15　**15** 309.15　**16** 425　**17** 425　**18** 400　**19** 10　**20** 0.318　**21** $600×10^3$　**22** 425　**23** 400　**24** $15×10^6$　**25** 15　**26** 895　**27** 3406　**28** 895　**29** 309.15　**30** 291.15　**31** $54.8×10^6$　**32** 54.8　**33** 54.8　**34** 15　**35** 39.8

(6)　**1** 等温　**2** $p_1V_1=p_2V_2$　**3** 12　**4** 40　**5** 0.3　**6** 減少

(7)　**1** 断熱　**2** $p_1V_1^K=p_2V_2^K$　**3** $12^{1.400}$　**4** $40^{1.400}$　**5** 185　**6** 絶対温度　**7** 体積　**8** $12^{1.400-1}$　**9** $40^{1.400-1}$　**10** 0.618　**11** 618

4 熱機関のサイクル

(1) **1** 等温膨張 **2** 温度 **3** 増加 **4** 断熱膨張 **5** 断熱 **6** 増加 **7** 低下 **8** 等温圧縮 **9** 等温 **10** 減少 **11** 断熱圧縮 **12** 断熱 **13** 減少 **14** 増加 **15** 圧力 **16** 温度 **17** 体積 **18** 一部 **19** エントロピー

(2) **1** ○ **2** ○ **3** ○ **4** ○ **5** × **6** ○

(3) **1** 2 000 **2** 800 **3** W **4** Q **5** 800 **6** 2 000 **7** 40 **8** 100 **9** W **10** 800 **11** 100 **12** 8

(4) **1** 1.4 **2** 5.6 **3** W **4** Q **5** 1.4 **6** 5.6 **7** 25 **8** 460 **9** 733.15 **10** 25 **11** 733.15 **12** 550 **13** 273.15 **14** 550 **15** 273.15 **16** 277

(5) **1** 1 400 **2** 3 120 **3** 1 378 **4** 3 674 **5** 1 167 **6** 2 533 **7** 957 **8** 2 551

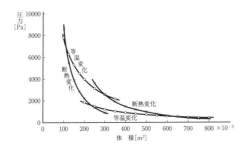

3 レシプロエンジンの作動原理と熱効率

1 排気量と圧縮比

(1) **1** 上死点 **2** 下死点 **3** 行程 **4** ストローク **5** 行程 **6** 行程容積 **7** 排気量 **8** 総行程容積 **9** 総排気量 **10** すきま容積 **11** 燃焼室容積 **12** シリンダ容積 **13** 圧縮比

(2) **1** 8.2 **2** 8.6 **3** 4 **4** 4 **5** 8.2 **6** 8.6 **7** 1 817

(3) **1** 7.8 **2** 8.2 **3** 10 **4** 7.8 **5** 8.2 **6** 392 **7** 9 **8** 43.6

2 ガソリンエンジンの作動原理

(1) ① シリンダブロック ② ピストン ③ クランクシャフト ④ コンロッド ⑤ シリンダヘッド ⑥ バルブ ⑦ カムシャフト ⑧ スパークプラグ ⑨ タイミングベルト ⑩ プーリ ⑪ フライホイール ⑫ オイルパン

(2) **1** 上方 **2** 下方 **3** 上方 **4** 開 **5** 閉 **6** 閉 **7** 閉 **8** 混合気 **9** 燃焼ガス **10** 仕事を受ける **11** 仕事を受ける

(3) **1** 上方 **2** 下方 **3** 下方から上方へ **4** 開 **5** 閉 **6** 閉 **7** 閉 **8** 閉 **9** 開 **10** 混合気 **11** 燃焼ガス **12** 混合気 **13** 混合気 **14** 仕事を受ける **15** 仕事をする

(4) **1** × **2** ○ **3** × **4** × **5** ○ **6** ○

3 ガソリンエンジンの熱効率

(1) **1** 定容 **2** オットー **3** 断熱圧縮 **4** 定容加熱 **5** 断熱膨張 **6** 定容放熱 **7** ②→③ **8** 上 **9** 定容加熱 **10** すきま容積または燃焼室容積 **11** シリンダ容積 **12** 断熱指数 **13** 圧縮比 **14** 圧縮比

(2) **1** 56.5 **2** 60.2 **3** 63.0 **4** 65.2 **5** 67.0 **6** 68.5

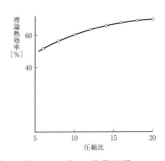

4 ディーゼルエンジンの作動原理

(1) **1** ○ **2** ○ **3** ○ **4** × **5** × **6** ○ **7** ○

(2) **1** 下方 **2** 上方 **3** 下方 **4** 上方 **5** 開 **6** 閉 **7** 閉 **8** 閉 **9** 閉 **10** 空気 **11** 燃焼ガス **12** 仕事を受ける **13** 仕事を受ける **14** 仕事をする

15 仕事を受ける

(3) **1** 上方 **2** 下方 **3** 下方 **4** 閉

5 閉 **6** 閉 **7** 開 **8** 閉 **9** 開

10 開 **11** 空気 **12** 燃焼ガス **13** 燃焼ガス **14** 空気と燃焼ガス **15** 仕事を受ける **16** 仕事をする **17** 仕事をする

18 仕事をしたのち，仕事を受ける

5 ディーゼルエンジンの熱効率

(1) **1** 低速 **2** ディーゼル **3** 高速

4 サバテ **5** 複合 **6** 断熱 **7** 定圧

8 断熱 **9** 締切比 **10** 大きく **11** 小さく **12** 短い **13** 定容 **14** 定圧

15 定圧 **16** 断熱 **17** 締切比 **18** 最高圧力比 **19** 大きく **20** 小さく

21 大きく **22** 定容

(2) **1** 67.8 **2** 62.0

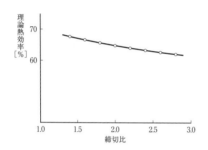

4 レシプロエンジンの構造

1 エンジン本体の構造

(1) ① シリンダ ② ピストン ③ クランクシャフト ④ インテークバルブ

⑤ エキゾーストバルブ ⑥ スパークプラグ ⑦ シリンダライナ ⑧ ピストン

⑨ コンロッド ⑩ クランクシャフト

⑪ カムシャフト ⑫ ロッカアーム

⑬ フューエルフィルタ ⑭ インジェクションポンプ ⑮ フューエルインジェクションバルブ

(2) ① ピストン ② コンロッド ③ ピストンピン ④ オイルリング ⑤ コンプレッションリング ⑥ クランクジャーナル

⑦ クランクピン ⑧ クランクアーム

⑨ バランスウエイト ⑩ フライホイール

(3) ① クランクシャフト ② カムシャフト ③ クランクシャフトタイミングベルトプーリ ④ カムシャフトタイミングベルトプーリ ⑤ タイミングベルト ⑥ テンションプーリ ⑦ エンジンブロック ⑧ シリンダヘッド ⑨ エキゾーストバルブ

⑩ カムシャフト ⑪ ロッカアーム

⑫ バルブスプリング

(4) **1** × **2** ○ **3** × **4** ○ **5** ×

6 ○ **7** ○ **8** × **9** × **10** ○

11 × **12** × **13** ○ **14** ○ **15** ×

16 ○ **17** ○

(5) **1** 7 **2** 12 **3** 199 **4** 168 **5** 42

6 138 **7** 30 **8** 42 **9** 2 **10** 224

11 上死点 **12** 9

2 潤滑装置

(1) **1** 減摩 **2** 冷却 **3** 気密 **4** 防食

5 洗浄 **6** 緩衝 **7** 潤滑油ポンプ

8 強制 **9** 4 **10** つめ **11** 油かき

12 2 **13** 混合

3 冷却装置

(1) **1** 過熱 **2** ウォータジャケット

3 冷却水 **4** 冷却フィン **5** 空気

6 ラジエータ **7** 熱交換器 **8** 自動車

9 船 **10** サーモスタット **11** ファン

12 密度

4 ガソリンエンジンの燃料系統と燃焼

(1) **1** インジェクタ **2** 質量比 **3** 空燃比 **4** 14.7 **5** 12.2 **6** スロットルバルブ **7** 混合気 **8** 344 **9** スパークプラグ **10** 圧縮比

(2) **1** × **2** ○ **3** ○ **4** ○ **5** ○

6 × **7** × **8** ○ **9** ○

5 ディーゼルエンジンの燃料系統と燃焼

(1) **1** 燃料 **2** 混合気 **3** 放電火花

4 空気 **5** 自然着火 **6** 噴射 **7** 霧化

8 小さく **9** 均一 **10** 空気 **11** 明確

12 時期 **13** 量 **14** インジェクションバルブ **15** 1000 **16** 1000 **17** 1000

18 インジェクションバルブ **19** コモン

レール　**20**　インジェクタ　**21**　サプライ
22　噴射圧　**23**　低い　**24**　渦室　**25**　予
燃焼室　**26**　低い　**27**　低く　**28**　大きい
29　低く　**30**　グロープラグ
(2)　**1**　×　**2**　○　**3**　○　**4**　×　**5**　×
6　○　**7**　×

6　排気装置と排出ガスの処理
(1)　**1**　排気ガス　**2**　フューエルタンク
3　排出ガス　**4**　一酸化炭素　**5**　炭化水素
6　窒素酸化物　**7**　希薄燃焼　**8**　排気再循
環装置　**9**　NO_x　**10**　PM
(2)　**1**　×　**2**　×　**3**　○

5　レシプロエンジンの性能と運転
1　レシプロエンジンの運転と性能試験
(1)　**1**　クランクシャフト　**2**　スタータモー
タ　**3**　点火　**4**　圧縮空気　**5**　ピストン
6　クランクシャフト　**7**　インテークマニ
ホールド　**8**　インテークバルブ　**9**　エキ
ゾーストバルブ　**10**　自動車用エンジン出
力　**11**　船用内燃主機関陸上　**12**　全負荷
13　負荷　**14**　船用内燃主機関陸上
15　定速回転ディーゼル機関性能
16　4.032
2　実際のサイクル
(1)　**1**　実線　**2**　一点鎖線　**3**　排気　**4**　吸
気　**5**　混合気　**6**　燃焼ガス　**7**　②③④⑤
8　⑥①　**9**　ポンプ損失　**10**　図示仕事
11　図示平均有効圧力　**12**　図示出力
13　軸トルク　**14**　軸動力　**15**　正味平均有
効圧力　**16**　燃料消費率　**17**　正味熱効率
(2)　**1**　○　**2**　○　**3**　○　**4**　○　**5**　×
6　×　**7**　×
(3)　**1**　23　**2**　51　**3**　63　**4**　0.618
5　0.773　**6**　0.747　**7**　0.695　**8**　34.2
9　35.7　**10**　32.1

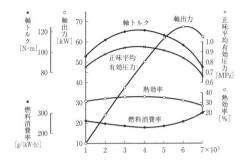

3　各種の損失と熱勘定
(1)　**1**　完全燃焼　**2**　燃焼効率　**3**　ポンプ
4　機械　**5**　排気　**6**　冷却　**7**　熱勘定図
8　排気　**9**　冷却
(2)　**1**　×　**2**　×　**3**　×　**4**　×　**5**　○
6　○

6　ガスタービン
1　ガスタービンの作動原理
(1)　**1**　圧縮機　**2**　燃焼器　**3**　タービン
4　空気　**5**　連続的　**6**　タービン羽根
7　ピストン　**8**　吸気　**9**　タービン羽根
10　耐熱材料　**11**　コンバインド　**12**　コ
ージェネレーション
(2)　**1**　○　**2**　○　**3**　×　**4**　×　**5**　×
2　ガスタービンのサイクル
(1)　**1**　ガソリン　**2**　ブレイトンサイクル
3　圧縮機　**4**　定圧　**5**　低速ディーゼル
6　中間冷却器　**7**　再熱器　**8**　空気
9　再生用熱交換器　**10**　中間冷却再熱再生
3　ガスタービンの構造
(1)　**1**　遠心　**2**　多段式軸流　**3**　筒形燃焼
器　**4**　環状の燃焼器　**5**　タービン羽根
6　燃焼室　**7**　起動用電動機　**8**　燃料供給量
4　航空用ガスタービン
(1)　**1**　ターボジェット　**2**　ターボファン
3　ターボシャフト　**4**　ターボプロップ
5　ターボジェット　**6**　ターボプロップ
7　ターボファン　**8**　ターボシャフト

第4章　自動車

1　自動車の発達と社会

1　自動車の誕生と発達

(1) **1** レシプロエンジン　**2** 19　**3** 蒸気
機関　**4** 1920　**5** キュニョー　**6** 三輪車
7 1769　**8** ガス　**9** 小形軽量　**10** ガソ
リン　**11** フランス　**12** アメリカ　**13** ス
タータ　**14** プラネタリギヤ　**15** 運転
16 19　**17** バッテリ　**18** 騒音　**19** 振
動　**20** 高速　**21** 運転　**22** 長い距離
23 1930　**24** ハイブリッド　**25** フラン
ス　**26** 9　**27** 1837　**28** 6　**29** タクリ
ー号　**30** 3　**31** 18　**32** 山羽式蒸気乗合
自動車

2　自動車と社会

(1) **1** 8 200　**2** 乗用車　**3** 輸送の目的
4 戸口から戸口　**5** 自動車　**6** 都市部
7 30万　**8** 315万　**9** 排出ガス
10 1980　**11** 10　**12** 1975　**13** 1980
14 歩行中　**15** 乗用車乗車中　**16** 二輪
車乗車中　**17** ドイツ　**18** 歩行中
19 自転車乗車中　**20** ABS　**21** 横滑り
22 ESC　**23** 進行方向　**24** クラッシャ
ブル　**25** 81.5　**26** 22.8　**27** ディーゼル
28 普通貨物　**29** CO_2　**30** 8 000 000
31 3.7　**32** ハイブリッド　**33** 3.7
34 7 800 000　**35** 118 000　**36** 電気
37 85 000　**38** 信号機　**39** VICS
40 ETC　**41** 金属　**42** プラスチック
43 非金属　**44** レアメタル　**45** 90
46 フロン類　**47** 熱処理

2　自動車の構造と性能

1　自動車の構造

(1) ①　エンジン　②　クラッチおよびトラ
ンスミッション　③　ホイールおよびタイヤ
④　ブレーキ装置　⑤　プロペラシャフト
⑥　ファイナルギヤおよびディファレンシャ
ル　⑦　ステアリング装置

⑧　サスペンション

(2) **1** ○　**2** ○　**3** ×　**4** ×

2　動力特性

(1) **1** 走行速度　**2** 最大出力　**3** 出力
4 燃料　**5** 回転速度　**6** 駆動輪　**7** 多い

(2) **1** 10　**2** 15　**3** 20　**4** 25　**5** 30
6 35　**7** 21　**8** 32　**9** 43　**10** 53
11 64　**12** 75　**13** 51

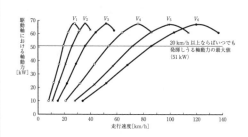

(3) **1** 15　**2** 22　**3** 29　**4** 36　**5** 44
6 51　**7** 58　**8** 260　**9** 598　**10** 988
11 1 326　**12** 1 586　**13** 1 768
14 1 638

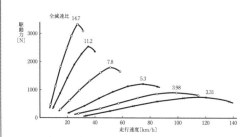

3　走行性能

(1) **1** 走行抵抗　**2** ファイナルギヤおよび
ディファレンシャル　**3** タイヤ　**4** 摩擦
力　**5** 横滑り　**6** 転がり　**7** 勾配　**8** 9
9 4

(2) **1** 140　**2** 1　**3** 45　**4** 30　**5** 4
6 2.4　**7** 1　**8** 2　**9** 10

4　制動性能

(1) **1** 11　**2** 17　**3** 22

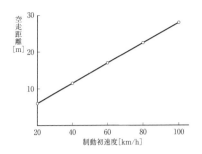

(2) **1** 4 **2** 15 **3** 33 **4** 59

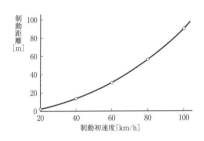

(3) **1** 19 **2** 74 **3** 167 **4** 296

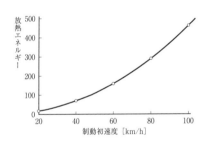

(4) **1** 制動力 **2** 空走 **3** 1 **4** 総質量
5 制動初速度 **6** 総質量 **7** 制動初速度
8 フェード

5 **タイヤ特性**

(1) **1** 摩擦力 **2** 摩擦力 **3** 滑り **4** 純
粋転動 **5** 滑り比 **6** 37.5 **7** 30 **8** タ
イヤ **9** 制動力 **10** 進行方向 **11** ABS
12 アンチロックブレーキ **13** 横滑り
14 摩擦円 **15** 大きさ

(2) **1** × **2** ○ **3** × **4** ○ **5** ○

第5章　蒸気動力プラント

1 蒸気動力プラントのあらまし

(1) **1** ボイラ水 **2** ボイラ **3** 過熱器
4 蒸気タービン **5** 復水器 **6** 給水ポン
プ **7** ボイラ **8** 過熱器 **9** 蒸気タービ
ン **10** 機械的仕事 **11** 復水器 **12** 蒸
気 **13** 液体 **14** 蒸気タービン **15** 蒸
気タービン **16** 放出 **17** ボイラ
18 復水器 **19** 過熱器 **20** 蒸気タービ
ン **21** 給水ポンプ **22** 圧力 **23** 温度
24 状態量 **25** 多段ディフューザポンプ
26 ボイラ **27** 過熱器 **28** 復水器

2 水蒸気

1 蒸気の発生

(1) **1** 液体 **2** ガス **3** 飽和水 **4** 飽和
温度 **5** 飽和圧力 **6** 飽和蒸気 **7** 飽和
水 **8** 圧縮水 **9** 温度 **10** 比体積
11 比体積 **12** 温度 **13** 沸騰 **14** 内部
15 蒸気泡 **16** 飽和水 **17** 飽和蒸気
18 飽和蒸気 **19** 湿り飽和蒸気 **20** 乾
き飽和蒸気 **21** 乾き飽和蒸気 **22** 湿り
飽和蒸気 **23** 温度 **24** 比体積 **25** 過
熱蒸気 **26** 温度 **27** 増加 **28** 減少
29 温度 **30** 湿り飽和蒸気 **31** 圧縮水
32 過熱蒸気

(2) **1** ○ **2** × **3** × **4** × **5** ○

2 蒸気の性質

(1) **1** 温度 **2** 1404.80 **3** 1.40422×10⁻³
4 0.86 **5** 21.6631 **6** 1.40422×10⁻³
7 18.60 **8** 1344.77 **9** 0.86
10 1404.80 **11** 2552.898 **12** 573.15
13 3.2547 **14** 0.86 **15** 1404.80
16 573.15 **17** 5.3626

(2) **1** 101.42 **2** 1.04346×10⁻³
3 419.10 **4** 1.30701 **5** 1671.86×10⁻³
6 2675.57 **7** 7.35408 **8** 179.89
9 453.04 **10** 1.12723×10⁻³ **11** 762.68
12 2.13843 **13** 194.349×10⁻³

14 2 777.12　**15** 6.584 98　**16** 圧縮

17 1.398 0×10⁻³　**18** 1 343.10

19 3.248 4　**20** 過熱　**21** 26.439×10⁻³

22 3 097.38　**23** 6.213 9　**24** 0.25

25 3 054　**26** 7.13　**27** 過熱蒸気

28 湿り　**29** 1.54　**30** 2 450　**31** 6.75

32 モリエ

3 ボイラ

1 ボイラの概要

(1) ① ボイラ本体　② 水ドラム　③ 蒸気ドラム　④ 水管　⑤ 下降管　⑥ 火炉　⑦ 過熱器　⑧ バーナ　⑨ 給水ポンプ　⑩ エコノマイザ　⑪ 煙道　⑫ 空気予熱器

(2) **1** 燃焼ガス　**2** 空気予熱器　**3** エコノマイザ　**4** 液体　**5** 気体　**6** 微粉炭　**7** 火炉　**8** 火炉　**9** 多孔　**10** 粒子　**11** 固体　**12** 空気　**13** 浮遊流動　**14** 煙突　**15** 送風機　**16** 排風機　**17** サイクロン分離器　**18** 電気集じん装置　**19** 水部　**20** 給水ポンプ

2 ボイラの種類

(1) **1** 発電用　**2** 工業用　**3** 暖房用　**4** 船用　**5** 丸　**6** 水管　**7** 特殊　**8** 炉筒　**9** 立て　**10** 煙管　**11** 負荷変動　**12** ボイラ胴　**13** 暖房用　**14** パッケージボイラ　**15** 自然循環　**16** 強制循環　**17** 貫流　**18** 細い　**19** 水冷壁管　**20** 放射熱　**21** 発電用　**22** 自然循環　**23** 貫流　**24** 保有水量　**25** 負荷変動

3 ボイラの燃料と燃焼

(1) **1** 単位質量　**2** 101.325 kPa, 0℃　**3** 単位体積　**4** 52.5×10³ kJ/m³ᴺ　**5** −162℃　**6** 液化天然ガス　**7** 低空気比燃焼

(2) **1** ×　**2** ×　**3** ×　**4** ×　**5** ○　**6** ×　**7** ×

4 ボイラの伝熱

(1) **1** 火炉　**2** 波形炉筒　**3** 伝熱面　**4** 主蒸気弁　**5** 給水ポンプ　**6** 火炉

7 対流　**8** 内部エネルギー　**9** 熱放射　**10** 熱伝導　**11** 温度境界層　**12** 熱伝導　**13** 水管　**14** 固体壁　**15** 熱通過

(2) **1** ○　**2** ×　**3** ×　**4** ×　**5** ○　**6** ○

(3) **1** 飽和蒸気表　**2** 0.101 325　**3** 0.651 325　**4** 158.83　**5** 164.95　**6** 161.97　**7** 420　**8** 860　**9** 161.97　**10** 504×10³　**11** 504

5 ボイラの容量と性能

(1) **1** 実際の蒸発量　**2** 換算蒸発量　**3** 伝熱面積　**4** 火炉熱発生率　**5** 伝熱面換算蒸発率　**6** ボイラ効率　**7** 換算蒸発倍数

(2) **1** 飽和水　**2** 乾き飽和蒸気　**3** 2 040　**4** 3 200　**5** 84　**6** 2 818　**7** 2 040×10³　**8** 1 800　**9** 1 133　**10** 2 040×10³　**11** 2 750　**12** 170　**13** 1 800　**14** 1 296　**15** 2 040×10³　**16** 2 750　**17** 170　**18** 1 890　**19** 2.924×10⁶　**20** 2 818×10³　**21** 172×10³　**22** 42×10³　**23** 88.0　**24** 2 818　**25** 172

6 ボイラの運転と環境対策

(1) **1** ボイラ及び圧力容器安全規則　**2** 労働安全衛生　**3** プライミング　**4** フォーミング　**5** キャリオーバ　**6** ウォータハンマ　**7** スケール　**8** スラッジ　**9** 過熱　**10** ボイラ効率　**11** 燃料　**12** 燃焼　**13** 排煙脱硫　**14** 排煙脱硝　**15** 集じん

(2) **1** ×　**2** ○　**3** ○　**4** ×　**5** ○　**6** ○　**7** ○

4 原子炉

1 原子炉の原理と構造

(1) **1** ウラン　**2** 中性子　**3** 熱エネルギー　**4** 蒸気タービン　**5** 連鎖反応　**6** 核分裂生成物　**7** 加圧水型原子炉　**8** 沸騰水型原子炉　**9** 加圧器　**10** 蒸気発生器　**11** 燃料ペレット　**12** 被覆管　**13** 燃料集合体　**14** 減速材　**15** 高速中性子　**16** 熱中性子　**17** 中性子　**18** 制御棒

(2) **1** × **2** ○ **3** × **4** × **5** ○
6 × **7** ○

2 原子炉の運転
(1) **1** 制御棒 **2** 核燃料 **3** 連鎖反応
4 臨界 **5** 深さ **6** 制御棒駆動装置
7 定格出力 **8** 濃縮度 **9** PWR
10 BWR **11** 制御棒 **12** 水位 **13** 水
14 ほう酸水 **15** 核燃料

3 環境・安全対策
(1) **1** 中性子 **2** 電離作用 **3** 蛍光作用
4 アルミニウム板 **5** 鉛板 **6** ほう酸水
7 放射能 **8** ベクレル **9** 吸収線量
10 グレイ **11** 線量当量 **12** シーベル
ト **13** 燃料ペレット **14** 燃料被覆管
15 放射化生成物 **16** 0.05 mSv

5 蒸気タービン
1 蒸気タービンの原理と構造
(1) **1** ノズル **2** 動翼 **3** 段 **4** 衝動段
5 反動段 **6** タービンロータ **7** ノズル
締切調速法 **8** 絞り調速法
(2) **1** × **2** ○ **3** ○ **4** × **5** ○

2 蒸気の作用と仕事
(1) **1** 出入り **2** 仕事 **3** エネルギー損
失 **4** 断熱熱落差 **5** 3686 **6** 2483
7 断熱熱落差 **8** 8400 **9** 1200
10 2800 **11** 1200×10³ **12** 1549

3 各種の蒸気タービン
(1) **1** ド・ラバル **2** カーチス **3** ラト
ー **4** パーソンス **5** 混式 **6** ノズル
7 案内翼 **8** 圧力 **9** 仕切板 **10** ノズ
ル **11** つり合いピストン **12** 速度複式
13 軸流反動 **14** 圧力複式
(2) **1** ○ **2** ○ **3** ○ **4** ○ **5** ○
(3) **1** 衝動力 **2** 反動力 **3** 1040
4 15° **5** 470 **6** 42° **7** 170.4×10³
8 170.4 **9** 170.4×10³ **10** 320
11 54.5×10⁶ **12** 54.5 **13** 線図仕事
14 54.5×10⁶ **15** 260 **16** 210×10³
17 210 **18** 線図効率 **19** 210 **20** 288
21 72.9 **22** 320 **23** 1040 **24** 0.308

4 蒸気タービンの性能
(1) **1** 温度 **2** 圧力 **3** 圧力 **4** 断熱熱
落差 **5** 動翼 **6** 漏れ **7** 放熱 **8** 軸
受 **9** 有効仕事 **10** 86 **11** 1248
12 1451 **13** 86 **14** 246×10³/3 600
15 1451 **16** 85.3×10³

6 蒸気動力プラントの性能
1 基本サイクルとその性能
(1) **1** ランキンサイクル **2** 飽和水
3 圧縮水 **4** 過熱蒸気 **5** 湿り蒸気
6 断熱圧縮 **7** 定圧加熱 **8** 増加
9 減少 **10** 増加 **11** 減少 **12** 不変
13 不変 **14** 3500 **15** 2040 **16** 3500
17 106 **18** 43.0

2 再熱サイクルと再生サイクル
(1) **1** ○ **2** ○ **3** ○ **4** × **5** ○
6 ○ **7** ○ **8** ○ **9** × **10** ○
11 × **12** ○ **13** ○ **14** ○ **15** ○
16 ○ **17** ○ **18** ○ **19** ○ **20** ○
21 ○ **22** × **23** ○ **24** ○ **25** ○

第6章 冷凍装置

1 冷凍のあらまし
(1) **1** × **2** × **3** ○ **4** × **5** ○
6 × **7** ○ **8** × **9** ○ **10** ×
(2) **1** 圧縮機 **2** 蒸気圧縮 **3** 冷媒蒸気
4 熱エネルギー **5** 冷媒蒸気 **6** 吸収
7 蒸気圧縮冷凍機 **8** 吸収冷凍機 **9** 冷
凍機 **10** 冷媒液 **11** 冷媒蒸気

2 蒸気圧縮冷凍機
1 蒸気圧縮冷凍機の構成
(1) **1** × **2** × **3** × **4** ○ **5** ○
6 ○ **7** × **8** × **9** ○ **10** ×
11 × **12** ○ **13** ×

2 冷凍サイクル
(1) **1** 反時計 **2** ①→② **3** 定圧
4 200 **5** 受熱 **6** ②→③ **7** 断熱

8 圧力　9 ③→⑥　10 定圧　11 250

12 放熱　13 ⑥→①　14 キャピラリチ
ューブ　15 等エンタルピー　16 圧力

17 湿り蒸気　18 過熱蒸気　19 過冷却
液　20 1　21 ②→④　22 受液器

(2)　1 ○　2 ○　3 ○　4 ○　5 ×

　　6 ×　7 ×　8 ○　9 ×　10 ○

　　11 ○　12 ○　13 ○　14 ×　15 ○

3 各種の蒸気圧縮冷凍機

(1)　1 ○　2 ○　3 ×　4 ×　5 ×

　　6 ○　7 ○　8 ○　9 ×　10 ○

4 冷凍機の性能と運転

(1)　1 1　2 3.86　3 13.90　4 3.60

　　5 5.32　6 成績係数　7 低下　8 上昇

　　9 上昇

3 吸収冷凍機

(1)　1 水　2 臭化リチウム水溶液　3 ア
ンモニア　4 吸収器　5 再生器　6 凝縮
器　7 蒸発器　8 冷媒蒸気　9 凝縮器
10 加圧ポンプ　11 再生器

(2)　1 ×　2 ○　3 ○　4 ×　5 ○

　　6 ○　7 ○　8 ×　9 ○　10 ×